Jakob Steuerer
Jørgen Bang-Jensen

Die Dritte Welle der Mobilkommunikation

Business-Visionen + Lebens-Realitäten

SpringerWienNewYork

Gestaltung, Produktion: typic®/wolf

Umschlagentwurf: Loys Egg

Gedruckt auf säurefreiem, chlorfrei gebleichtem Papier – TCF
SPIN: 10869367

Bibliografische Information Der Deutschen Bibliothek
Die Deutsche Bibliothek verzeichnet diese Publikation in der Deutschen Nationalbibliografie; detaillierte bibliografische Daten sind im Internet über http://dnb.ddb.de abrufbar.

ISBN-13:978-3-211-83804-4 e-ISBN-13:978-3-7091-6742-7
DOI: 10.1007/978-3-7091-6742-7

INHALTSVERZEICHNIS

INTRODUKTION

Die Telekommunikation bricht in Sachen Innovation nach wie vor alle historischen Rekorde. Faktum ist: Kein Markt der Industrie- und Mediengeschichte konnte bisher derart schnell erschlossen werden – bisweilen so schnell, dass die Geschwindigkeit sogar ihre Erzeuger massiv überfordert. Und kein Markteintritt zuvor geriet den versammelten Mitspielern dermaßen kostspielig, wie die Versteigerungen der UMTS-Lizenzen in der jüngeren Vergangenheit augenscheinlich erwiesen: So mancher europäische Finanzminister konnte mit den erzielten Multi-Milliarden-Beträgen seinen Staatshaushalt kurzfristig sanieren.

Kein Wunder also, dass nahezu die gesamte Mobilfunk-Branche angesichts des horrenden Finanzierungsbedarfs bei den Investoren wie auch den erhofften Kunden die Werbetrommel kräftig rührte – und dabei in bedenkenloser Anmaßung gleich das Blaue vom Himmel versprach. UMTS, der Handy-Standard der so genannten „Dritten Generation“, sollte nach dem überraschenden Welterfolg der GSM-Sprachtelefonie nunmehr die nächste technologische Medienrevolution entfesselt vorantreiben. Bewegte und statische Bilder, Text, Sprache und Töne sollen nach dem Willen der Entwickler mit theoretisch bis zu zwei Megabit pro Sekunde von Handy zu Provider zu Empfänger sausen – und dies zudem in einem global einheitlichen Modus.

Der Phantasie an vielfältigen Anwendungen seien nur dadurch vorerst noch gewisse Grenzen gesetzt, dass die jeweiligen Endgeräte und Applikationen noch nicht verfügbar seien, prophezeite die Mobilfunk-Branche mit enthusiastischem Unterton. Das Handy werde dadurch zum vielseitigen technologischen Lebensbegleiter, es diene der Navigation in fremden Umgebungen, sende und empfange spontane Bild-Botschaften, werde nebenbei zur digitalen Kreditkarte, verbinde uns von überall aus mit den Arbeitsabläufen im Büro. Und ALL DAS werde der

Konsument bereits im Jahr 2002 oder 2003 als faszinierenden Service nutzen können.

Seither ist einige heilsame Ernüchterung eingekehrt: Die Handy-Branche steht unter dem fortgesetzten Druck, ganz real auch die exorbitanten Kosten für die technischen Infrastrukturen der „Dritten Welle der Mobilkommunikation" nunmehr zu finanzieren – und in den kommenden Jahren tunlichst am Markt wieder zu erlösen. Und: Es mehren sich die Argumente für eine besonnene Haltung, die einen bewussten Bruch mit Werbe-Hektik und Medien-Hype der letzten Jahre einleitet. Eine Haltung, die sich gewiss nicht aus fortschrittsfeindlicher Raison ableitet, sondern eben den Zeithorizont der „großen Vision" neu – und diesmal solide – bestimmt: Die Etablierung der nächsten Welle der Mobil-Kommunikation wird bis zu ihrer ersten Reifestufe als florierendes Business wohl noch bis 2010 brauchen, so eine der zentralen Thesen des vorliegenden Buches. Wir meinen: Jenseits von jubelnd optimistischer und bitter pessimistischer Spekulation wird die tatsächliche Entwicklung der „Dritten Welle" stattfinden – und sie wird realiter weder die Euphoriker noch die Kassandras bestätigen. Prognosen, die Chancen und Risiken nüchtern abwägen, sind natürlich weniger spektakulär – erzielen erfahrungsgemäß jedoch eine höhere Trefferquote. Wir verstehen unsere Haltung daher als Beitrag zu einer „neuen Sachlichkeit" – und als notwendige Basis für rationale Entscheidungen. Kritische Entscheidungen, welche die Mobilfunk-Branche wie auch die Handy-Benutzer noch en masse zu treffen haben werden ...

Dennoch kann – trotz alledem – kein Zweifel daran bestehen: Nach der „Ersten Welle der Mobilkommunikation" Anfang der 90er Jahre, als Handys noch ein elitärer Luxus waren, und der „Zweiten Welle", in der Handys der breiten Bevölkerung zum unverzichtbaren Medium der alltäglichen Sprach-Kommunikation wurden, setzt mit einer „Dritten Welle" nunmehr in der Tat der „finale Gestaltwandel" des Handys ein. Kurz: Der mobile Empfang von digitalen Daten wird 2010 ebenso selbstverständlich wie die heute bereits allgegenwärtige ortsungebundene Sprach-Telefonie sein. Und das Schritt für Schritt sich etablierende Zusammenspiel von Festnetz- und Funk-Telefonie, von breitbandigem Internet und mobiler Daten-Kommunikation führt in den kommenden Jahrzehnten zu einer vitalen und allseits präsenten Infrastruktur der neuen, vernetzt-kommunikativen Art: Nennen wir es „Evernet".

Das wird mit Sicherheit bedeuten: Wir können unser Leben gleichsam „online" führen und privat wie beruflich ständig und weltweit mit anderen kommunizieren – und dies unabhängig von Ort und Zeit. Eine neue Qualität von Information und Emotion: Gemeinsamkeit durch Gleichzeitigkeit. Damit einher geht ein unvermeidlicher Lernprozess: Wie gehen wir mit den sich eröffnenden Freiräumen um? Wie werden wir uns an die gesteigerte „Taktfrequenz" sinnvoll anpassen? Wo werden wir schnell agieren und reagieren – und wo lassen wir uns weiterhin ganz bewusst sehr viel Zeit? Und: Ist ein intensives mobiles ONLINE-LEBEN vielleicht nur dann sinnvoll, wenn es zugleich ein entspanntes OFFLINE-LEBEN zulässt?

Wie gesagt: Vergessen wir die atemlos verkündeten Zeithorizonte der letzten Jahre. Die „Dritte Welle der Mobilkommunikation" braucht zu ihrer Etablierung wohl wesentlich länger als bisher angenommen. Es gibt unzählige Szenarien, wie diese „Dritte Welle" all die X-Millionen Handy-User faszinieren und mit Nutzen bereichern könnte – diese Unsicherheit bleibt uns wohl noch für einige Zeit erhalten. Sicher ist hingegen: Wir erleben im Moment die – bisweilen irritierende – Geburt einer allgegenwärtigen Infrastruktur, das vitale Aufkommen eines neuartigen Populär-Mediums.

SCHÖNE NEUE HANDY-WELT ALS EVOLUTION: ANALOG WIRD ZU DIGITAL, SPRACHE VEREINT SICH MIT DATEN

Am Anfang war das Mobiltelefon noch nicht wirklich „handy" – also komfortabel und tragbar, kurz: handlich. Und seine Genesis reicht weit in die vordigitale Zeitrechnung zurück: In den späten 60er Jahren machte der US-Telekom-Gigant ATT / Bell System den weltweit ersten Vorschlag für ein allgemein zugängliches mobiles Kommunikationsnetz: Das „Advanced Mobile Phone System" (AMPS) war damit aus der Taufe gehoben. Zwar gab es zu diesem Zeitpunkt bereits eine bescheidene Anzahl mobiler Funknetze, das erste Bell-Mobil-Patent datiert immerhin aus dem Jahr 1947, die praktische Nutzung war hingegen immer noch Militärs oder aber zivilen Einsatzkräften wie Polizei oder Rettung vorbehalten. Dennoch: Obwohl für ein Massenpublikum konzipiert, dauerte es noch zwei Jahrzehnte, bis die ersten analogen Funknetze à la AMPS „abzuheben" begannen. Dermaßen schwer wogen anfangs die Endgeräte, und derart teuer kam jede Gesprächsminute, dass nur die mobilsten gesellschaftlichen Akteure sich „so etwas" leisteten – meist Business-Leute oder Politiker, bei denen die ständige Erreichbarkeit die Aufwendungen lohnte. Mobil-Telefonie bis weit in die 80er Jahre bedeutete eben in der Regel: einen tragbaren Koffer mit sich zu schleppen und jedes Monatsende die aufgelaufenen Gesprächskosten sinnvoll gegenüber Firma oder Steuerberater argumentieren zu müssen. Entsprechend exotisch gestaltete sich der öffentlich-mobile Akt des Telefonierens: Der „Early Mobile User" riskierte in der Tat, fallweise von irritierten Passanten für einen Geheimdienst-Agenten gehalten zu werden.

DIE FRÜHEN JAHRE: ALLER TECHNOLOGISCHE ANFANG IST VERWIRREND

Trotz all dieser Widrigkeiten entwickelte sich das „Phänomen Mobil-Telefonie" in der ersten Hälfte der 80er Jahre zwar beständig, aber sehr, sehr langsam – ab 1985 jedoch mit beschleunigtem Tempo. Und dies, obwohl gerade der analoge Mobil-Sektor von weltweit völlig uneinheitlichen Standards geprägt war. Parallel zum proprietären amerikanischen AMPS und einem ebenfalls nur im Heimatmarkt gängigen Mobil-System des japanischen Telekom-Giganten NTT entwickelten die skandinavischen Länder um Finnland und Schweden ihren technisch eigenständigen, aber international offenen Analog-Standard „Nordic Mobile Telephony" (NMT), der in der Folge unter anderem auch in den entstehenden Funk-Netzen von Spanien, Saudi-Arabien, Thailand und Indonesien implementiert wurde. Und dieser für manche global agierenden Business-Kunden unerfreuliche Zustand – dass mobiles Telefonieren nämlich meist an der Landesgrenze abrupt endete, weil die Anbieter sich nicht auf gemeinsame offene Standards bei Funkprotokollen und Endgeräten einigen konnten oder wollten – sollte die rund um den Erdball entstehende „Mobil-Szene" noch lange prägen. Eine technologische wie kommerzielle Kurzsichtigkeit – nicht zuletzt wirkte diese verbreitete Eigenbrötelei in Sachen Standards einer schnelleren Marktentwicklung deutlich entgegen. Im Nachhinein ist leicht zu erkennen: Zur massenhaften Nutzung einer mobilen Infrastruktur kommt es regelmäßig nur dann, wenn ebenso offene wie verbindliche Standards dem Benutzer die Sicherheit geben, mit guter Qualität zu einem erschwinglichen Preis versorgt zu sein.

WICHTIGE SCHRITTE ZUM ERFOLG: DAS MOBILTELEFON WIRD DIGITAL – UND ENDGÜLTIG HANDLICH

Wie dem auch sei: Aufhaltsam war der losgetretene Boom der weitgehend ortsunabhängigen Kommunikation dennoch nicht. Im Jahr 1993 war mobiles Telefonieren längst „tragbar" geworden. Die Endgeräte präsentierten sich – verglichen mit den heute üblichen Winzlingen – zwar noch ein wenig klobig gestylt, jedoch inzwischen auf Sakko-Format geschrumpft. Und aus dem stetigen, jedoch langsamen Wachstum während der 80er Jahre war plötzlich ein ansehnlicher Markt der mobilen Kommunikation entstanden: 1993 hatten die Anbieter der diversen Analog-Netze weltweit bereits 18 Millionen Kunden unter Vertrag. Gleichzeitig hatte sich die nächste, nunmehr digitale Welle der Handy-Kommunikation bereits kräftig zu entwickeln begonnen. Die Nase vorn hatte zum Erstaunen der globalen Mitbewerber diesmal jedoch der „Alte Kontinent“: Europa. Das seit den frühen 80ern in diversen europäischen Forschungslabors entwickelte digitale „Global System for Mobile Communications“ (GSM) sollte nicht nur mit überlegener Sprachqualität aufwarten, sondern konnte durch seine verschlüsselte Art der Übertragung erstmals auch die Abhörsicherheit und damit den Schutz der Privatheit der oft sensiblen Gespräche garantieren. Und: Die a priori vorgesehenen Optionen für integrierte Daten-Kommunikation sowie diverse digitale Daten-Services waren ein weiteres Überzeugungskriterium vor allem für mobile Business-Leute, die auch unterwegs nicht gut auf topaktuelle Geschäftsdaten verzichten konnten.

DER GSM-BOOM DER SPÄTEN 90ER JAHRE: DIE HANDY-TELEFONIE WIRD ZUR MASSENBEWEGUNG

Kurz und im Rückblick höchst eindrucksvoll: Allein die Tatsache, dass GSM zum einen als verbindlicher und präzise beschriebener Standard eingeführt wurde, zum anderen diese „Norm“ jedoch für alle industriellen Mitspieler extrem offen und zugänglich gestaltet wurde, führte schließlich zu einem veritablen Siegeszug. Das historisch erste GSM-Gespräch, welches 1991 in Finnland zwischen zwei Nokia-Handys auf einem hauseigenen Nokia-Network geführt wurde, löste eine anhaltende Massenbewegung hin zur digitalen Mobiltelefonie aus. Und wiederum vorerst langsam und Schritt für Schritt: Bis 1995 konnte das digitale GSM-Handy noch als Status- und Prestige-Symbol gelten, mit dem sich weltweit einige Millionen früh entschlossener Benutzer zudem ihre Mobilität erleichterten. In der zweiten Hälfte des Jahrzehnts, als der GSM-Boom wie eine Tsunami-Welle über die entwickelten Gesellschaften zwischen Schweden und Singapur hereinbrach, steigerte sich der Gebrauch in einer jähen Exponentialkurve: von wenigen Millionen 1995 auf weltweit rund 200 Millionen im Jahr 1999. Und schaffte es in den Jahren darauf, mehr als die Hälfte des globalen Gesamtmarktes an mobilen Handy-Benutzern zu erobern – eines Marktes, der sich von 1992 bis 1999 vervielfacht hatte, der rasant von 23 Millionen auf 436 Millionen Kunden gewachsen war.

So hatte der digitale Standard GSM mit Ende des Jahrzehnts gleich mehrere erstaunliche Paradigmenwechsel scheinbar mühelos erzeugt: Erstmals in der Geschichte der Telekommunikation gab es in einigen entwickelten Ländern mehr Mobil- als Festnetzanschlüsse – eine steigende Zahl von Kunden verwendet heute das Festnetz nahezu nur mehr für das Internet, also ausschließlich für Daten-Kommunikation. Zudem hat sich der Gesprächsminutenpreis in der Mobiltelefonie der GSM-Ära nahezu atomisiert, er beträgt heute weniger als ein Zehntel der Kosten der Anfangszeit. Dass ein solcher, durch den kompetitiven Markt erzeugter Preisverfall die Profitabilität des Mobil-Business nachhaltig auszehren würde, diese Befürchtungen haben sich hingegen nicht bestätigt. Nahezu alle marktführenden Mobil-Provider haben inzwischen entweder ihre Infrastruktur-Investitionen hereingespielt und machen bereits Gewinne – oder aber sind daran, diesen kommerziell ersehnten Zustand in sehr naher Zukunft zu erreichen.

WAS KEINER ERWARTET HATTE: SMS ALS POPULÄRER VORLÄUFER DER MOBILEN DATEN-KOMMUNIKATION

Allerdings: Noch erstaunlich wenig erkannt und genutzt wurde bislang die seit der Einführung des digitalen Prinzips in der Mobiltelefonie komfortabel verfügbare Möglichkeit zur Datenkommunikation. Allenfalls die illustre Gruppe reiselustiger Professionals verwendet das GSM-Handy genauso selbstverständlich auch um: E-Mails abzurufen, den Terminkalender zu aktualisieren oder die eine oder andere dringliche Information via Notebook im Internet zu recherchieren. Es sind Journalisten, Ver-

GSM-MÄRKTE IN EUROPA

ZAHL DER MOBILFUNKANSCHLÜSSE JE 100 EINWOHNER

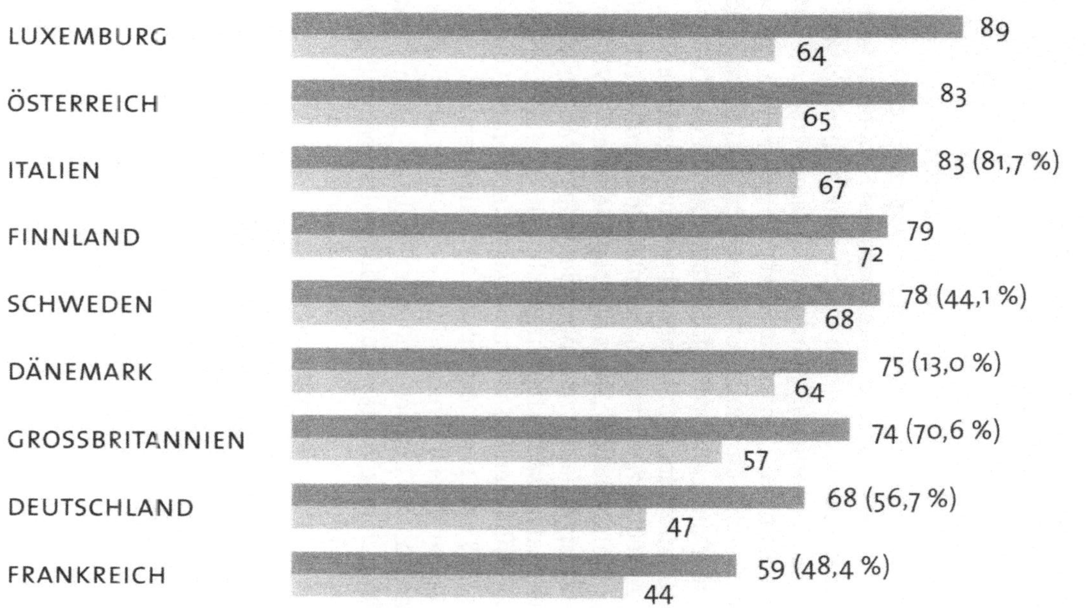

Angaben in Klammern hinter einer Penetrationsrate im August 2001 = Anteil der Prepaid-Anschlüsse an der Gesamtzahl aller Mobilfunkanschlüsse

Quelle: Prof. Gerpott Analysen 2002

sicherungsvertreter, Topmanager, kurz: all jene Handy-User, welche heute schon „Always on" sein wollen – oder müssen. Die Gründe für die weitgehende „datenkommunikative Zurückhaltung" des Großteils der Handy-User liegen jedoch ebenfalls klar auf der Hand: Man benötigte bis vor kurzem in der Regel zusätzliche und meist nicht ganz billige Peripherie-Geräte wie etwa ein Notebook, um E-Mail und Internet via Handy genießen zu können – worüber nur ein geringer Prozentsatz der User a priori verfügte. Und: Die Übertragungsraten der digitalen Daten verbesserten sich erst in jüngster Zeit mit speziellen Daten-Transfer-Modi wie HSCSD oder GPRS, während sie beim „normalen GSM" mit maximal 9.600 bis 14.400 Kilobit pro Sekunde dazu führten, dass sich sogar der einfache E-Mail-Verkehr oft quälend langsam gestaltete. Dennoch: Selbst die gerade eben getroffene Aussage über die „datenkommunikative Zurückhaltung" stimmt in Wahrheit nur sehr bedingt. Simple Formen der Daten-Kommunikation fanden auch bisher schon eine dermaßen breit gestreute Akzeptanz, dass die gesamte Mobil-Industrie anfangs nur ungläubig staunte: „Short Message Services" (SMS) wurden binnen weniger Jahre zu einem derartigen Massenboom vor allem unter den westlichen Jugendlichen, dass derzeit pro Jahr rund 200 Milliarden (!) SMS mobil gesendet werden. Und 95 Prozent der SMS sind sehr persönliche Mitteilungen zwischen zwei Handy-Usern – ein Grundprinzip, das hier zum exzessiven Daten-Austausch auf schlichtester Textbasis geführt hat. Ein psychologisch motiviertes Grundprinzip, dem wir – allerdings in avancierter Form – in naher Zukunft im Verlauf der „Dritten Welle" noch öfters begegnen werden ...

DIE MOBILE VERNETZUNG: EIN UNAUFHALTSAMER MEGATREND

Schnitt. Szenenwechsel. Gehen wir auf eine Zeitreise in die nähere Zukunft – irgendwann zwischen 2010 und 2020. Allgegenwärtig in unserer Lebenswelt haben sich winzige Computer eingenistet: Zur Miniatur geschrumpfte Web-Server – manche davon nur mehr reiskorngroß, andere und leistungsfähigere noch in der Dimension einer Streichholzschachtel – verleihen nunmehr auch den Dingen des Alltags ein Mehr an kommunikativer Intelligenz.

Einige sind nach wie vor mit konventionellen Kabeln an das Netz angeschlossen, wie etwa jene kleinen Web-Assistenten, welche die Heizung rechtzeitig vor der per Handy angekündigten Ankunft des Wohnungsbesitzers auf eine angenehme Temperatur hochfahren. Oder jene, die den Kühlschrank auf seinen Inhalt analysieren – etwa daraufhin, welche Lebensmittel bereits dringend auf dem Heimweg nachgekauft werden müssten. Und selbstverständlich auch der jeweilige lokale Heim- oder Büro-PC-Server, von dem man von überall aus seine aktuellsten Arbeitsdateien spontan und konzentriert abrufen kann.

Die meisten dieser entlang wichtiger „Funktionen" unseres Ambientes verteilten Mini-Web-Server jedoch sind nicht mehr „physisch verdrahtet" verbunden, sondern stehen in einem permanenten Funkkontakt zum nächsten Datenknoten. Oder aber: zum mobilen Handset des befugten Benutzers – etwa die Standheizung des auf dem Parkplatz wartenden Dienstwagens, welche zeitgerecht zum realen Ende des aktuellen Termins via Handy schon zum Vorwärmen gestartet werden kann. Telematische Anwendungen dieser Art nehmen schon im Jahr 2010 ein breites Feld des Mobilfunks ein: Patienten mit kritischen Problemen bei Blutdruck oder Herzfrequenz lassen sich mit ihrem Einverständnis aus der Ferne von ihrem Vertrauensarzt „überwachen" – mit dem Vorteil, dass auftretende Anomalien der Gesundheitswerte sofort weitergeleitet und vom Arzt oder einem spezialisierten Behandlungszentrum auf eine etwaige Bedrohlichkeit analysiert werden können.

Wieder andere mit dem Internet ständig verbundene Funkzellen entlang unserer städtischen Infrastruktur verarbeiten die aktuell gerade einsetzenden Staus und Verkehrsbehinderungen. Und geben die daraus gewonnenen Informationen zielgenau an die Handys der in der Nähe befindlichen Autofahrer – oder besser noch: gleich an das selbstintelligente Navigationssystem des Fahrzeugs weiter. Diese durch die Verschmelzung von Internet und Mobilfunk möglich gewordene neue Qualität an dynamischer Verkehrsinformation hat längst die hektischen Radiomeldungen der vergangenen Jahrzehnte ersetzt. Zugleich hat das mobile Bordsystem alle für eine Reiseabrechnung wesentlichen Daten erfasst – und „beamt" diese am Zielort automatisch auf das Handy des Fahrers. Im Büro wiederum gleicht das Handy sein Fahrtenbuch automatisch mit dem PC ab, und wenige Mausklicks später landen die Reisespesen perfekt aufbereitet in der Buchhaltung.

Ganz selbstverständlich ist 2010 die mobile Fernwartung einer nahezu unüberschaubaren Fülle technischer Einrichtungen geworden. Kaum jemand kann sich noch vorstellen, wie man dies eigentlich „früher" gehandhabt hat. Hat sich der Service-Mann dazu echt ins Auto setzen und seine kostbare Zeit mit dem kilometerweiten Hinfahren vertun müssen – nur um das „Ding" mit einem simplen Handgriff – im Fachjargon: einem Reset – wieder zum Funktionieren zu bringen???

Und last, but not least ein kleines Szenario in Sachen „Near Future Entertainment": Chiara ist ein Fan von „Black Music" aller Art. Viele der einschlägigen Neuerscheinungen sind jedoch leider am europäischen Markt auf DVD erst mit einiger Verzögerung erhältlich. Chiara meldet sich daher via Internet bei einem US-Music-Service an, gibt ihm ihre Präferenzen bekannt – und wählt aus, dass ihr kurze Hörproben auf ihr MP(X)-fähiges Handy geschickt werden, sobald ein zu ihrem Geschmack passender Song am Markt erscheint. Und: Bereits die ersten Clips, die sie einige Stunden später in der Straßenbahn abhört, enthalten einen Mega-Treffer: das brandneue Album der von ihr verehrten ZONE:V. Nachdem Chiara von ihrem Music-Service zugleich erfährt, dass auch die DVD prompt lieferbar ist, bestellt und bezahlt sie diese gleich via Handy.

MARKETING-HYPE UND TECHNOLOGISCHER REALISMUS

Back 2 Reality 2002: Mag sein, dass skeptische Zeitgenossen das Gros der gerade eben skizzierten Möglichkeiten ins schillernde Reich der allzu fernen Zukunftsphantasien verweisen. Mag sein, dass die Mobilfunk-Branche eine solche Reserve ihr gegenüber sogar selber verschuldet hat, ein Faktum, das wir bereits angesprochen haben. Zur Beruhigung der Investoren, zur Begründung der massiven Infrastruktur-Investitionen, zur Begleitung des einen oder anderen Börseganges wurde von der versammelten Handy-Industrie in den vergangenen Monaten und Jahren – das sei hier offen ausgesprochen – viel leeres Geschwätz verbreitet und versucht, mit medial gehypten Botschaften Zeit, Geld und Marktanteile zu gewinnen. Vor allem aber: Im Taumel der atemberaubend rasanten Entwicklung der Handy-Technologie im letzten Jahrzehnt kamen der Mobilfunk-Branche jüngst und vielfach beobachtbar die nötige Besonnenheit und der gesunde Realismus abhanden. Zumindest zeitweise und partiell: In der lauthals verkündeten „Vision einer allseits mobilen Welt" wurden nämlich „Kraut und Rüben" undifferenziert durcheinander gemischt. Technologisch bereits heute nahezu ausgereifte Anwendungen – die meisten der zuvor genannten zählen dazu – wurden in einen medialen Topf geworfen mit avancierten Versprechungen, deren Realisierung annähernd das gesamte aktuelle Jahrzehnt in Anspruch nehmen wird.

Paradebeispiel: „Mobile Streaming Multimedia", das eine minimale Verfügbarkeit von einigen hundert Kilobit pro Sekunde an kontinuierlicher Datenübertragung benötigt, damit der empfangene Videofilm tatsächlich auch zum mobilen Vergnügen wird. Keine Frage: Im Labor, unter optimalen Bedingungen, bei nur einem oder zwei Benutzern gleichzeitig, die sich noch dazu kaum vom Fleck bewegen, funktioniert genau dies auch heute schon. Dennoch: Selbst die in immer schnellerem Puls ablaufenden technologischen Innovationszyklen der jüngsten Vergangenheit sagen uns, dass zum einen geraume Entwicklungszeit verstreicht, bis aus diesen Feldversuchen verfügbare „Real World Technology" geworden ist. Zum anderen müssen auch die Klippen der Finanzierung der nötigen Infrastruktur, der industriellen Verfügbarkeit der Endgeräte sowie der probaten Business-Modellierung und Preisgestaltung erst noch überwunden werden. Ein Verfahren, das erfahrungsgemäß über einige schwierigere Strecken des langen Weges nur durch „Trial and Error" bewältigt werden kann.

DEN WEG IN EINE MOBILE ZUKUNFT GILT ES SCHRITT FÜR SCHRITT ZU GEHEN

Die Sichtweise, die hier vertreten wird, ist eine andere: Es macht weder für die Handy-Industrie noch für den Konsumenten Sinn, wenn unerfüllbare Erwartungen für den unmittelbaren Zeithorizont der nächsten ein, zwei Jahre geweckt werden. Hingegen macht es allen Sinn, heute schon über ebenso faszinierende wie realistische – weil mit dem Senden und Empfangen von noch relativ geringen Datenmengen verbundene – Anwendungsmöglichkeiten der „neuen Art" zu sprechen. Neben den bereits genannten Services zur komfortablen Fernsteuerung wesentlicher Dinge in unserem Alltagsleben, neben vitalen Informations- und Transaktionsdiensten so wichtiger Bereiche wie Geld, Gesundheit und Verkehr – neben all diesen „schmalbandig" bewältigbaren und durch und durch nützlichen Diensten steht uns mit den Handys der aktuellen und nächsten Generationen auch eine kommunikative Revolution in Sachen Freizeit und Unterhaltung bevor.

Kurz: Das mobile E-Mail und das multimedial angereicherte SMS werden zu den neuen „Stars" unserer Kommunikation: Es sind bereits die ersten Handys verfügbar, welche auch digitale Snapshots machen und verschicken können. Im nächsten Schritt können diese auch winzige und vorerst extrem reduzierte Video-Clips erstellen – aber auch Sounds und musikalische Botschaften aufnehmen und in Echtzeit mobil senden. All das wird in den kommenden zwei bis drei Jahren bald genauso selbstverständlich sein wie heute ein SMS mit seinen 160 Textzeichen. Und wird beweisen, dass auch technologisch weniger aufwändige, auf das eben machbare Maß reduzierte Anwendungen höchst erfolgreich sein können, weil sie in beruflichen wie privaten Kontexten ganz neue kommunikative Situationen schaffen. Ein erstaunliches Phänomen, das uns die unerwarteten Populärhits wie das „klassische" SMS oder auch der Szene-Boom des „multimedialen" i-mode von NTT DoCoMo am japanischen Heimmarkt bereits vor Augen geführt haben.

All diese ganz realistisch heute oder morgen machbaren Anwendungen beinhalten quasi wie eine Fraktalmenge in simpler Form auch die „große mediale Vision" der kommenden Jahrzehnte. Sie sind nur die allerersten Keimformen der beiden wichtigsten Megatrends, welche das Triebmoment der „Dritten Welle der Mobilkommunikation" ausmachen: allseitige Vernetzung und Mobilität. Beide Trends verkörpern mächtige, die Menschen des noch jungen 21. Jahrhunderts tief greifend faszinierende Ideen. Und stehen sozusagen als „Hidden Agenda" hinter jener forcierten Ambition der konzentrierten Kräfte aus Forschung und Industrie der kommenden ein bis zwei Jahrzehnte. Einer Ambition, welche die mobile mit der fest verdrahteten (oder neuerdings: glasfasrigen) zu einer allgegenwärtig-vernetzten Kommunikation, somit zu einem neuen und viel leistungsfähigeren Ganzen verbinden will.

DIE INFRASTRUKTUR EINER ALLGEGENWÄRTIGEN KOMMUNIKATION: WIR SIND „ALWAYS ON“ IM „EVERNET“

Sprechen wir also ganz offen auch von der sich erst langfristig realisierenden Idee. Also von der großen Vision, die in wenigen Sätzen in ihrer Tendenz wie folgt zusammengefasst werden kann: Künftig können wir alle, immer und überall mit einem „Netz aller Netze“ verbunden sein – zumindest wenn wir das auch dezidiert wollen. Wir können somit unser Leben gleichsam online führen – und dabei privat wie beruflich ständig und weltweit mit allen anderen im Netz kommunizieren. Gemeinsamkeit entsteht dabei vor allem auch durch Gleichzeitigkeit: Wir sind „Always on“ – unabhängig von Ort, Zeitpunkt und gerade verwendetem Kommunikationsgerät. Und die Vision überschreitet selbst diese ohnedies bereits weit gespannte Dimension: Menschen kommunizieren über dieses allgegenwärtige Netz nicht nur mit Menschen – Menschen kommunizieren auch mit intelligent programmierten Maschinen. Und: Maschinen kommunizieren selbsttätig mit anderen Maschinen.

Möglich wird diese Entwicklung durch eine in der Theorie leichthin denkbare, jedoch in der Praxis der nächsten Jahre nur mit viel konkretem Aufwand erreichbare Entwicklung: „Alles“ in der Welt, was sich sinnvoll dafür eignet, bekommt eine Internet-Adresse. In Fach-Terminologie ausgedrückt: erhält eine einzigartige Ansprechnummer nach den Konventionen des „Internet Protocol“ (IP) kurz: eine IP-Adresse, die nicht nur von jedem PC oder Handy, sondern auch von vielfältigen anderen Devices angesprochen werden kann. Man kann solcherart nicht nur mit diesen intelligent angereicherten Dingen (Kleidung, Autos, Wetterstationen, Waschmaschinen, Wegweiser, Automaten usw.) sporadisch und entsprechend ihren programmierten Möglichkeiten kommunizieren, sondern sie aus der Ferne via Internet mit präzisen Instruktionen betrauen.

Im simpelsten Fall ist das nur ein winziger Schalter in der Wasserzufuhr der Almhütte, der über ein Funkmodul den Kontakt zum Netz hält – und aufgrund seines „IP-Verständnisses" bequem vom Handy oder Notebook aus dazu gebracht werden kann, rechtzeitig vor der Ankunft am Berg wohliges Warmwasser bereitzustellen. In einem komplexeren Fall checken die eingebauten Messfühler der Marathon-Sportkleidung Puls, Atem- und Herzrhythmus – und verständigen im Krisenfall (wenn der Körper bereits zu kollabieren droht, während der Geist sich noch zu triumphieren wähnt) via Mobil-Funkzelle und Internet den nächstgelegenen Notarzt.

WENN SOGAR KLEIDER ÜBER MOBILE INTERNET-INTELLIGENZ VERFÜGEN ...

Und ein ganz avancierter Fall konsequenter IP-Tauglichkeit von „Alltagsgegenständen" ist zurzeit bereits im New Yorker Prada-Shop installiert: Der holländische Stararchitekt Rem Kohlhaas spielt dort alle Varianten, die solche „Embedded Systems" bieten, durch. Jedes Kleidungsstück verfügt über einen Sende-Chip, der wiederum mit diversen anderen essentiellen Dingen im Designer-Mode-Laden kommuniziert: etwa dem Monitor neben dem Spiegel, der prompt anzeigt, in welchen anderen Farben es die Bluse auch noch gibt – und mit welchem Rock diese am besten kombinierbar wäre. Und nachdem bei Prada New York nahezu alles drahtlos miteinander vernetzt ist, zeigt ein anderer Monitor gleich auch noch, wie dies aussieht – perfekt passend am Körper eines Mailänder Supermodels. Ersteht die Prada-Kundin letztlich diese Bluse, erhält sie eine ebenfalls IP-taugliche Kundenkarte, in der selbst ihre später wieder verworfenen Anprobe-Varianten gespeichert sind. Was sie zu Hause wiederum in die Lage versetzt, auf der Website von Prada ihr konkretes Shopping-Ereignis noch einmal en passant zu erleben.

Einzige Zukunftsmusik daran: Ihr gewöhnlicher PC kann die High-Tech-Prada-Karte derzeit noch nicht per Funk lesen. Sollte dies dereinst einmal selbstverständlich sein, haben auch die endlosen Suchorgien im reichhaltigen Angebot via Internet ein Ende – bis dahin hilft wenigstens der aufgedruckte kundenspezifische Code komfortabel weiter. Zugegeben: Der New Yorker Prada Shop ist eine der bislang aufwändigsten State-of-the-Art Lösungen dieser innovativen Art – allein die gänzlich unsichtbar eingesetzte Technik samt der raffinierten Datenbanken hat an die 40 Millionen Dollar gekostet. Und dennoch hat Rem Kohlhaas damit einen ersten anschaulichen Beweis dafür angetreten, wie ein „ganz normales" Modegeschäft mittels mobil-vernetzter Funktechnologie und einem funktional raffinierten System-Design zu einem Einkaufserlebnis der ganz neuen Art werden kann. Nun: Die aktuell horrenden Kosten werden in den nächsten Jahren auf einen Bruchteil davon fallen – und Prada verbucht sie vermutlich als geglückten Werbeaufwand: Ganz New York spricht seit Monaten jedenfalls von diesem „Epizentrum der Mode-Zukunft" ...

Wie gesagt: Bis die hier skizzierte Allgegenwärtigkeit intelligenter technischer Kommunikation erreicht wird, bei der sich das stationäre Internet und mobile Devices mit vielfältigen „Embedded Systems" zu einem neuen Ganzen zusammenfügen, wird es wohl noch einige Zeit brauchen. Dennoch haben all diese Entwicklungen, die bereits in ersten Prototypen real erprobt werden, mit großer Konsistenz eines gemein: Es ist die vom New Yorker Publizisten Thomas Friedman in seinem 1999 erschienenen Bestseller „The Lexus and the Olive Tree" erstmals mit dem Begriff „EVERNET" benannte Vorstellung „einer Welt, in der wir in der Lage sein werden, stets und ständig online zu sein".

DAS RISIKO-KAPITAL BEGINNT MASSIV IN DAS „EVERNET" ZU INVESTIEREN. UND: EINE IDEE, DIE SO NEU NICHT IST

Wie uns allerdings aus dem derzeit noch so fragmentierten Internet und einer Mobilfunk-Branche, welche die vernetzte Datenkommunikation gerade erst für sich zu erkunden und erobern beginnt, ein umfassendes und reibungslos funktionierendes „Evernet" entstehen könnte – das wird wohl noch zur spannendsten aller Infrastruktur-Fragen des jungen 21. Jahrhunderts. Einer unvermeidbaren allerdings, denn, so Friedman: „Je mehr sich das Internet von unserem Desktop-Computer löst und für alle möglichen Arten von mobilen Informationsgeräten zugänglich wird, desto näher rückt auch das Evernet." Nun: Eine allererste reale Hoffnung auf eine nunmehr energisch vorangetriebene Verwirklichung schöpften die Trendanalysten, als bereits 1999 justament die Risikokapital-Legende John Doerr dem US-Magazin „Business Week" seine Sichtweise auf ein nahtlos in unseren Alltag integriertes „Evernet" plastisch schilderte: „Es ist stets verfügbar und wird mit verschiedensten Geräten zu empfangen sein, nicht nur mit PCs. Man wird es mit digitalen TV-Konsolen abrufen und in der Küche und in allen Klassenräumen. Und es wird drahtlos und überall sein. Überall das Netz, ein pervasives Netz, kurz: ein breitbandiges „Evernet", das niemals und nirgends ausgeht. Und es wird sehr persönlich orientiert sein, wird erkennen, an welchem Ort man gerade ist, es wird viel über uns wissen. Und wird uns daher nur Informationen präsentieren, welche uns auch wirklich interessieren."

Eine machtvolle Idee, die übrigens so neu nicht ist und bereits Anfang der 90er Jahre am legendären „Palo Alto Research Center" (PARC) von Xerox vorgedacht und entwickelt wurde. Die Zukunft gehöre nicht dem vernetzten PC, sondern einer radikal neuartigen Art von „allgegenwärtigem Computing", so argumentierte Mark Weiser, der inzwischen verstorbene Leiter des „Computer Science Laboratory" am PARC, in einem visionären Artikel, der 1991 in „Scientific American" erschien. Die Fachwelt war von Weisers Kernaussage jedenfalls irritiert, die lautete: Eine Vielfalt von mobilen Geräten werde in Hinkunft dafür sorgen, dass Computing zu einem integralen und daher unsichtbaren Bestandteil des täglichen Lebens wird. O-Ton Weiser: „Die besten und folgenreichsten Technologien waren schließlich immer jene, die sich quasi selbstverständlich in den Alltag einfügten, und dies so sehr, dass man sie letztlich gar nicht mehr bewusst registrierte – sie verschwanden in unserer Umwelt. Indem sie – nehmen wir als Vergleich etwa ein gewöhnliches Straßenschild – in einem Maße allgegenwärtig wurden, dass man sie zwar benutzt, sie selber aber nicht mehr eigens bemerkt."

Heute wissen wir: Weiser war mit dieser seiner Vision seiner Zeit wenigstens zwei Jahrzehnte voraus. Denn: Mobilkommunikation und Internet steckten beide noch – bildlich ausgedrückt –

in den Babywindeln. Dennoch gewann die faszinierende Idee eines „allgegenwärtigen Computing" mit jedem Jahr an Strahlkraft. Vor allem bei jenen Forschern und Entwicklern, welche die historische Wirkungskraft von PARC-Visionen kannten. Seit der Gründung 1970 wurde nämlich im Xerox PARC in der Folge so ziemlich alles erfunden, was in unserem digitalen Daten-Alltag (allerdings erst mit Jahrzehnten Verzögerung) zur Normalität geworden ist. Unter anderem: die ersten grafischen Bildschirme mit anwenderfreundlicher, ikonenhafter Benutzeroberfläche; die erste ausgereifte Maussteuerung; das erste lokale Netzwerk (LAN), das auf dem ebenfalls im PARC erfundenen Ethernet basierte – und: der Personal Computer selber. Kurz: Apple, Intel und Microsoft wären ohne die Vordenker des PARC mit Sicherheit nicht zu dem geworden, was sie heute sind. Die Digital-Industrie fragte sich daher mit Recht: Was erst, wenn nunmehr auch diese frühe Vorahnung eines allgegenwärtigen „Evernet" zur konkreten Realität werden sollte?

Dennoch: Ein Jahrzehnt verging ohne sichtbare Anzeichen einer beginnenden Verwirklichung. Erst als mit John Doerr einer der erfahrensten Leitwölfe der Silicon-Valley-Investoren seine Stimme erhob, wurde das Signal weithin verstanden, dass nun mit der schrittweisen Etablierung des „Evernet" tatsächlich Ernst gemacht wird. Man muss dazu wissen: Der instinktsichere Doerr hatte heute zu Industrie-Giganten herangewachsene Firmen wie Sun Microsystems oder Compaq bereits seit den frühen 80ern als Startups kundig begleitet und mit seiner Venture-Gruppe cofinanziert. Die „Szene" reagierte denn auch spontan auf den skizzierten Traum von einem „Evernet", ihrerseits wissend, dass Doerr keiner ist, der bloß redet, sondern vielmehr einer, der prompt handelt. Faktum ist nunmehr: Viele der spannendsten, weil beträchtlich dotierten wie langfristig angelegten US-Investments flossen seither in initiale „Evernet"-Projekte. Gleichzeitig wurde von Doerr und seiner Kollegenschaft selbst mitten in der börslichen „Dotcom"-Katastrophe unverdrossen eine Reihe von technologischen Entwicklungen massiv forciert, die in all ihrer Verschiedenheit eines gemein haben: Allesamt tangieren sie den mächtigen Trend zu „Wireless Mobile Solutions".

EIN PARADIGMENWECHSEL: NICHT DIE TECHNOLOGIE – DER BENUTZER IST DAS ZENTRUM

Im Zentrum all dieser anhebenden „Evernet"-Vorhaben diesseits und jenseits des Ozeans steht somit die radikale Frage: Wie können wir in den kommenden Jahren und Jahrzehnten zu ebendiesem allumfassenden, gleichzeitig aber möglichst unaufdringlichen und simpel funktionierenden Netzwerk aller unserer vielgestaltigen digitalen Gerätschaften kommen? Zu einem „Netz aller Netze", welches unsere Internet-PCs sowohl mit den digitalen Assistenten à la Palm, Psion oder Pocket PC als auch mit den nächsten Generationen der Mobiltelefone nahtlos zu verbinden und abzustimmen weiß. „Always on" wird in dieser Vision zu einer diffizilen Frage der Abstimmung vieler ungleicher Faktoren: Da gilt es, sich auf verbindlich gültige Standards zu einigen, die in ähnlich einfacher Weise wie das „World Wide Web" mit seinen strukturellen IP-Adressen, den simplen HTML-Codes und den plattformübergreifenden Java-Scripts rund um den Erdball verstanden und angewandt werden. Und es gilt, den Geräten diverser Hersteller – noch dazu mit einem Dutzend verschiedener Betriebssysteme operierend – jenes ausreichende Maß an Selbstintelligenz „einzuhauchen", dass sie in wechselnden Umgebungen ihre variantenreichen „technologischen Ansprechpartner" selbständig identifizieren und dem Benutzer die Kommunikation mit ihnen komfortabel bereitstellen. Dazu aber sind erst noch zu schaffende „Frameworks" nötig, welche – so der Fachjargon – eine verlässliche „Quality of Service" auch im artenreichen Technotop des „Evernet" genauso garantieren, wie dies heute schon in besseren GSM-Netzen Usus ist. Und, und, und.

In Wahrheit allerdings wird die Geschwindigkeit des historischen Aufkommens des „Evernet" am allermeisten davon abhängen, wie sehr man denselben Anwendern, die heute schon nur einen Bruchteil der verfügbaren Funktionen ihres Handys zu nutzen verstehen, den Umgang mit diesem künftigen „Personal Mobile Network" zu einem unkomplizierten Vorgang – oder besser noch: zu einem Vergnügen gestalten kann. Das „Evernet" 2020 in seiner vollen infrastrukturellen Blüte präsentiert sich somit auch als ein paradox anmutendes Konstrukt: Zum einen erblicken Experten wie Gary Chapman, Leiter des „21st Century Project“ an der Universität von Texas, darin einen wohltuenden Paradigmenwechsel des Computing von der aktuellen Technologie-Zentriertheit hin zu einer künftigen Nutzer-Zentriertheit. Zum anderen jedoch – auch das ist den diversen „Evernet“-Real-Utopien leicht zu entnehmen – wird genau diese konsequente Orientierung auf die Bedürfnisse der User nur durch einen heute noch gar nicht abschätzbaren Overload an begleitender technologischer Fürsorge und diskreter Unterstützung möglich sein.

DER GESTALTWANDEL HIN ZUR MOBILEN VERNETZUNG HAT EINIGE BARRIEREN ZU ÜBERWINDEN

Erinnern wir uns: Der Personal Computer mutierte über die vergangenen drei Jahrzehnte in wachsender Progression zum persönlichen mobilen Weg- und Arbeitsbegleiter in Gestalt von Notebooks oder Palm Handhelds. Parallel dazu ereignete sich fast „naturgesetzlich" der Wandel von einzelnen universitären, militärischen oder industriellen Netzwerk-Inseln zum vorerst noch via erdgebundener Telekommunikation betriebenen Internet. Bis zeitgleich mit der Jahrtausendwende die ersten zaghaft einsetzenden Vorläufer der „Dritten Welle der Mobilkommunikation" auch eine Wende zum nächsten Gestaltwandel der globalen Vernetzung ankündigten: Nun kommt das „mobile Internet"! Ein Neo-Terminus, den unvermittelt selbst seriöse Business-Journale wie „Fortune" in seltenem Einklang mit (heute leiser gewordenen) Internet-Hype-Magazinen wie „Fast Company" verwendeten. Eine unpassende Wortwahl: Setzt sie doch das Internet als Modell ungebrochen positiv voraus – und fügt in dieses „Vorbild" die Mobilkommunikation quasi als erweiterte Eigenschaft bedenkenlos ein. Man vergisst dabei, dass die Mobilkommunikation per se nicht nur mit einer eigenständig gewachsenen Art der Vernetzung, sondern auch mit ganz anderen Business-Modellen und Benutzergewohnheiten groß geworden ist.

Anders gesagt: Internet und Mobilkommunikation bewegen sich in diesem Jahrzehnt zwar beide auf ein in neuartiger Weise vernetztes Ganzes hin – jedoch von jeweils höchst differenten Ausgangspunkten. Die beiden ungleichen Schwester-Netze werden einander gewiss nicht ersetzen, sondern ergänzen. Sie werden sich unterschiedlich entwickeln, sie werden ihre spezifischen Hürden zu überwinden haben – und beide werden zudem massiv mit jeweils eigenen Teufelskreisen konfrontiert, die es produktiv aufzulösen gilt.

DIE BEIDEN UNGLEICHEN „SCHWESTERN": INTERNET UND MOBILKOMMUNIKATION

Gleichzeitig brillieren die beiden „Schwestern" auch mit ihren jeweils eigenen Vorzügen, allerdings in schöner Regelmäßigkeit in grundverschiedener Hinsicht: In Sachen Bedienungskomfort bewegt sich das Handy noch weit unter dem Niveau von PC-Internet – zumindest sobald es um Datenkommunikation geht. (Die glücklose Einführungsphase von WAP ist uns allen wohl noch in guter Erinnerung!) Dennoch konnte die Handy-Kommunikation in den meisten entwickelten Ländern in kurzer Zeit eine schier unfassbare Marktpräsenz erzielen, indem dort aktuell bereits zwischen 60 und 90 Prozent der Bevölkerung mobil telefonieren – eine Popularität, die jene des ohnedies rasant boomenden Internet weit übertrifft. Vice versa wird wiederum die technische Verlässlichkeit der präzisen und hochschnellen Datenübertragung durch das Internet noch viele Jahre selbst von den Handy-Netzen der dritten und vierten Generation nicht annähernd erzielt werden können. Ein Faktum, welches das „klassische" Internet für globale Business-To-Business-Transaktionen (B2B) als prädestiniert erscheinen lässt. Während andererseits in puncto privater Datensicherheit wiederum die Mobilnetze (seit der GSM-Einführung) die Nase vorn haben. Was in der Öffentlichkeit leider viel zu wenig bekannt ist: Digitale Mobilkommunikation der aktuellen Ausprägung kann nicht einmal mit enormem technischem Aufwand gescannt, gehackt oder abgehört werden. Ein veritabler Vorzug, der die Etablierung hochgradig sicherer Payment-Systeme via Handy als logische Folge geradezu suggeriert – proprietär-geschlossene Netzstrukturen haben eben bisweilen auch ihre Vorzüge. Kurz und etwas gewagt verglichen: Internet und Mobilkommunikation könnte man auch wie Mann und Frau betrachten. Beide ähnlich und verschieden zugleich, beide derselben Gattung Mensch zugehörig – und trotz manch fundamentaler Differenz am produktivsten in gelungener Kombination.

Zugegeben: Der Vergleich hinkt doch ein wenig, wenn man das „technologische Lebensalter" mit in Betracht zieht. So gesehen sind beide der vernetzten Mitspieler zurzeit noch in der schwierigen Phase des Heranwachsens, sagen wir: in der Pubertät. Und sie haben jeweils ihre ganz eigenen Unsicherheiten zu lösen. So auch die Mobilkommunikation der „Dritten Welle", welche in den nächsten ein bis zwei Jahrzehnten mit einer Fülle von Technologien der dritten und vierten Generation den Massenmarkt erobern will – und gewiss auch wird. Auf diesem ihrem Weg zum erwachsenen, weil vielseitigen Kommunikationsmedium ist jedoch noch eine Reihe von systemischen „Teufelskreisen" zu durchbrechen, von denen jeder einzelne die halbwegs zügige Etablierung des „vitalen Evernet" empfindlich bremsen kann. Zu diesem nüchternen Schluss kommt die kürzlich veröffentlichte und akribisch argumentierte Studie „Digital Content for Global Mobile Devices", welche von Andersen Consulting im Auftrag der Europäischen Kommission erstellt wurde.

WAS, WENN DIE HANDYS TEURER WERDEN?

Ein deutlicher „Circulus vitiosus" ergibt sich zum Beispiel aus der Tatsache, dass fast alle faszinierenden Innovationen im Handy-Sektor mit einer Fülle von neuartigen technischen Features einhergehen: mobile Fotografie, Musik-Downloads, Online-Spiele, erweiterte Fähigkeiten zum Multimedia-Messaging und, und, und. Das bedeutet in logischer Folge, dass die angebotenen Services und Möglichkeiten meist nur mit der neuesten Generation an Handys und „Mobile Appliances" genutzt werden können. Gleichzeitig macht die vielgestaltige technologische Anreicherung der „Handsets" diese nicht gerade preiswerter, sondern tendenziell teurer: Entweder weil Zusatzgeräte (Snap-on) dafür nötig werden. Oder weil die leistungsfähigeren Handys auch leistungshungriger werden – und nur mehr mit den höchstwertigen Lithium-Batterien eine vertretbare Ausdauer aufweisen. Oder aber weil für eine komfortable Benutzung qualitativ hochwertige und energieraubende Farb-Schirme unvermeidlich werden, damit eben die neuen Features auf der kleinen zur Verfügung stehenden Darstellungsfläche nicht nur notdürftig, sondern attraktiv zur Geltung kommen. Diese Color-LCDs in robuster Bauart einzubauen wird in nächster Zeit neben der erwähnten Akku-Problematik für alle Hersteller zum nicht leicht ignorierbaren, weil teuersten Kostenfaktor. Ein Bündel an kritischen Anforderungen, die jede für sich allein schon genug Kopfzerbrechen und zeitraubende Entwicklungsarbeit bedingen könnte.

Darüber hinaus ergibt sich aus der Natur der Entwicklung, dass wir gerade dabei sind, uns von der bisher relativ schmalen Palette an verschiedenen Handy-Typen zu verabschieden. Denn: Der Trend zum ganz persönlichen, quasi auf die individuellen Bedürfnisse maßgeschneiderten mobilen Begleiter setzt sich ungebrochen fort. Ja, setzt in den kommenden Jahren gerade erst so richtig ein: Hatte man sich bislang mit dem modisch-kulturellen Aspekt – sprich: dem fallweisen Austausch der mehr oder weniger ästhetischen Covers – begnügt, wird der Handy-Konsument nunmehr seine wechselnden Wünsche mit neuen und technologisch reichhaltigeren Modellen befriedigen wollen. Summa summarum: Das Handy wird noch öfter gewechselt oder zumindest mit „Add-ons“ modifiziert werden. Aus der Sicht von Nokia, Motorola, Siemens und Samsung betrachtet: Handys werden aus all den Gründen tendenziell teurer, weil komplexer und aufwändiger in der Produktion. Und dies bei einer gleichzeitig gesteigerten Vielfalt der erzeugten Varianten, was sich wiederum in der Regel in verminderten Stückzahlen der einzelnen Modelle niederschlagen wird ...

FREI NACH BRECHT: UND WO IST DER AUSWEG?

Nun: Wir wissen aus der Erfahrung der vergangenen Jahre, dass allein das rasant wachsende Marktvolumen der Handy-Industrie die Hersteller aus ähnlichen Bredouillen gerettet hat. Der Hauptgrund aber, warum es bis vor kurzem den Hardware-Produzenten wirtschaftlich relativ gut erging, war die Tatsache, dass die Handy-Netz-Provider den Preis vieler Modelle stützten, um ihrerseits attraktive Angebote machen zu können, um wiederum eine möglichst große Anzahl von Kunden unter Vertrag zu bekommen. Eine weithin geübte Praxis, die auch bei den Providern zunehmend für internes finanzielles Überdenken sorgte, je mehr andere Infrastruktur-Investitionen (wie derzeit für GPRS und UMTS) ebenfalls an den Investitionsbudgets zu zehren begannen. Erwägungen dieser Art können nun dazu führen, dass die Mobil-Provider unisono ihre inhärenten Zuschüsse auf den Handypreis reduzieren. Was naturgemäß zu einer sofort merklichen Verteuerung der neuen Modelle führt – der Realpreis beträgt heute bis zu einem Mehrfachen des mit dem Account gebündelt angebotenen Handypreises. Wie dem auch sei: Handys und Handsets werden aus all diesen Gründen mit hoher Wahrscheinlichkeit, so die Andersen-Studie, teurer werden müssen.

Womit sich allerdings der Teufelskreis endgültig schließt: Wenn die mobilen User gezwungen sind, ihre nächsten Handys zum echten Wert – also um einiges teurer – zu erstehen, werden so manche sich denken: Mein altes tut es noch eine Zeit lang – zumindest zum Telefonieren reicht es allemal noch. Sollte dieser befürchtete Effekt eintreten, haben die Anbieter den zuvor kurzfristig lukrierten Bonus bald wieder verspielt: zum einen, weil die nächsten innovativen Technologiesprünge von vielen Kunden nicht oder nur nach langem Zögern mitgetragen werden, was gewiss der Entwicklungsgeschwindigkeit dieser neuartigen Phase der „erweiterten Mobil-Kommunikation" enorm abträglich ist; zum anderen ist allen Beteiligten klar, dass die enormen Investitionen für Lizenzen und Infrastrukturen der dritten Handy-Generation nur hereingespielt werden können, wenn sich der aktuelle Handy-Boom auch in naher Zukunft und trotz erster Anzeichen von Marktsättigung fortsetzt, weil die neuartigen Dienste und faszinierenden Medien-Angebote vom Kunden angenommen und gegen gutes Geld abonniert werden.

Der Ausweg aus diesem komplexen Wirkungszyklus liegt somit in der Beantwortung der entscheidenden Frage: Wird es gelingen, dermaßen attraktive neue Anwendungsmöglichkeiten im mobilen Sektor zu entwickeln und anzubieten, dass es für eine steigende Zahl von Handy-Benutzern einfach zu einem MUSS wird, diese im beruflichen wie privaten Alltag in der Tat nutzen zu wollen – und sich diesen Benefit auch etwas kosten zu lassen. Nun: Vieles deutet darauf hin, dass sich die aktuelle SMS-Massenbewegung in avancierter Form – gepaart mit dem spontanen Verschicken von digitalen Fotos, mit Multimedia Messaging – wiederholt.

Und der Schlüssel zum Erfolg dürfte in dem imperativen Wörtchen MUSS liegen. Dabei wird von der Mobil-Industrie ein ebenso simpler wie raffiniert wirkender massenpsychologischer Effekt ausgenutzt, den viele Zeitgenossen gerade sehr anschaulich vor Augen geführt bekommen haben, nämlich am „Pokémon-Syndrom" ihrer Kids. Wenn ALLE ANDEREN ES HABEN, wenn die brandneue „Crystal Edition" für den Gameboy zum Pausengespräch in den Schulen wird, wenn zugleich die Tauschbörsen für Pokémon-Motive florieren, kurz: wenn der soziale Druck, einfach dazugehören zu müssen, massiv und allseits steigt – dann entstehen Umsätze und neue Marktchancen in einem Eiltempo, das sogar die Initiatoren bisweilen überrascht. Umgelegt auf unser Thema: Wenn es der Mobilfunk-Branche gelingt, mit den bunten und persönlichen MMS-Bild-Botschaften bei einem breitem Publikum einen analogen Effekt zu generieren, dann ist in der Tat zumindest einer der Flaschenhälse geöffnet – und zu einem breitflächigen Marktzugang erweitert. Und wir haben einen Teufelskreis weniger.

ERFOLGSREZEPTE: BILLING-SYSTEME + FAIRES TEILEN

Ein anderer Circulus vitiosus könnte sich hingegen durch die allzu kurzsichtig motivierte Sparsamkeit bei der Investition in eine Kerntechnologie ergeben, die zusätzlich zum ohnedies teuren Netzausbau nötig wird. Konkret: Handynetz-Betreiber müssen heute schon in ein leistungsfähiges „Billing" investieren, welches mit einer komplexer gewordenen Vielfalt von Fakturierungsmethoden umgehen kann – und nicht bloß wie bisher mit dem Bewerten und Verrechnen leitungsvermittelnder Dienste. Andernfalls werden sie ebenfalls zur Verzögerung der „Dritten Welle" beitragen – ja, sich sogar tendenziell die fruchtbaren Böden ihres herannahenden Business abgraben. Denn: Eine von den Kunden wie auch von den Kooperationspartnern unkompliziert und transparent nachvollziehbare Verrechnung diversester mobiler Services wird in Zukunft mehr denn heute zu einem unverzichtbaren Instrument. Das es nicht

AVERAGE REVENUE PER USER 2001

DURCHSCHNITTLICHER WESTEUROPÄISCHER MOBILFUNKKUNDE

100 % = € 31,89 PRO MONAT

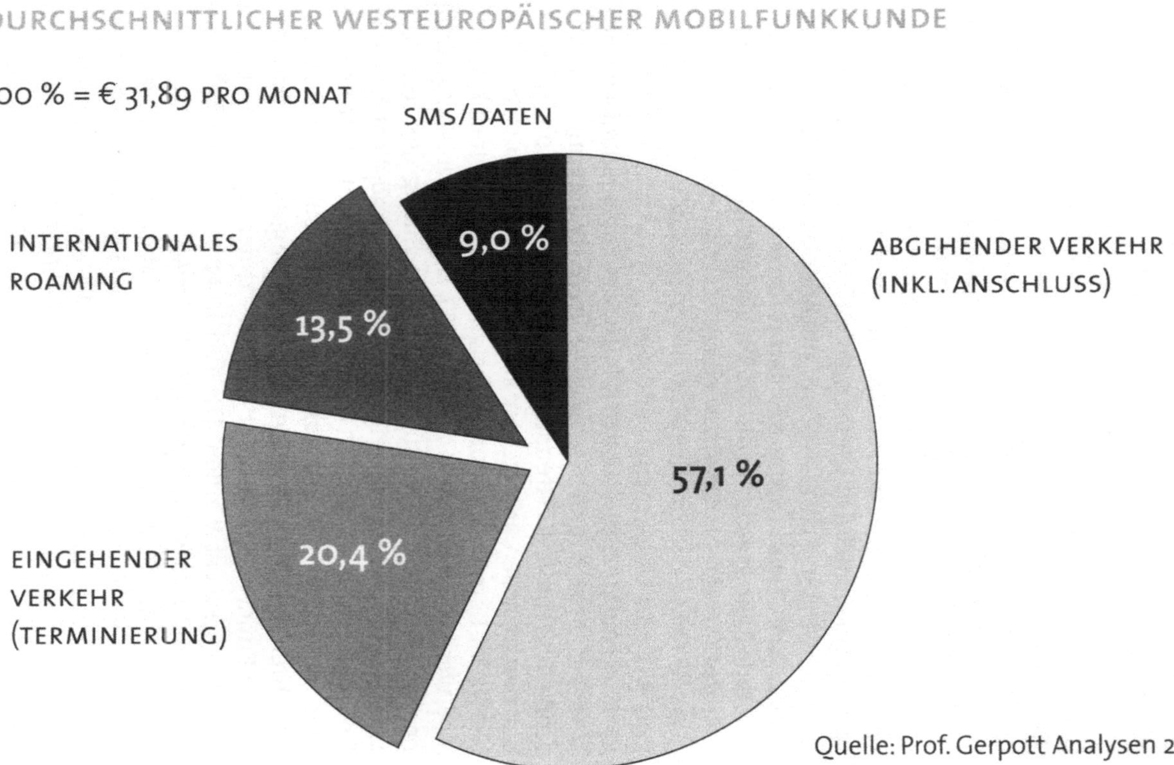

Quelle: Prof. Gerpott Analysen 2002

nur dem Provider, sondern auch allen assoziierten Service-Anbietern ermöglicht, attraktive Dienste und Inhalte nicht nur anzubieten, sondern auch ökonomisch nachhaltig zu betreiben.

Die Schlüsselrolle der Handy-Betreiber ergibt sich, so die triftige Argumentation der bereits erwähnten Andersen-Analyse, vor allem aus zwei Gründen: „Erstens hat der Betreiber als mobiler Sprachdienstanbieter bereits ein gut funktionierendes Fakturierungsverhältnis mit dem Endverbraucher für Sprach- und Datendienstangebote. Die Endverbraucher möchten nicht mit einer separaten Rechnung für jeden einzelnen Dienst behelligt werden, den sie über ihr Handy in Anspruch nehmen. Zweitens wäre es für manche Content- und Service-Anbieter wirtschaftlich nicht tragbar, ihrerseits bedeutende Summen in Fakturierungssysteme zu investieren." Ein Hemmschuh, von dem sich zumindest die kleineren, oft jedoch hochkreativen Dritt-Anbieter nicht aus eigener Kraft lösen werden können.

WAS WIR VON JAPAN LERNEN KÖNNEN

Und so wenig vergleichbar NTT DoCoMo, das japanische Beispiel für bereits unter schmalbandigen Bedingungen florierende Content- und Datendienste, etwa mit den Besonderheiten der europäischen Märkte der kommenden dritten Generation der Mobil-Kommunikation ist, zeigt es dennoch eines klar auf. Wie wesentlich nämlich das von NTT DoCoMo leistungsfähig bereitgestellte und zentral abgewickelte Billing den heutigen Erfolg am japanischen Heimatmarkt erst ermöglicht hat. NTT DoCoMo behält für die Verrechnung der diversen Dritt-Services eine (bescheidene) neunprozentige Kommission der Nutzungsgebühren ein, womit eben die Rechnungsstellung und das nötige Kundenmanagement im Kontext der Bereitstellung des Dienstes gedeckt werden. Die restlichen 91 Prozent der Nutzungsgebühren werden von NTT DoCoMo an die Content-Anbieter und Anwendungsentwickler fair weitergegeben, was diesen nicht nur ein lukratives Einkommen ermöglicht, sondern sie auch zur Pflege und Entwicklung des Angebotenen motiviert.

NTT DoCoMo teilt Umsatz wie Ertrag mit den Kreativen nicht aus weltfremdem Idealismus: Der Löwenanteil des beachtlichen DoCoMo-Umsatzes ergibt sich vielmehr aus deren Kerngeschäft, eben aus dem Datenverkehr – den die solcherart ständig attraktiv gehaltenen Inhalte und Services permanent generieren. Womit wir unversehens auf einen weiteren Grundsatz gestoßen wären, den die vielen prominenten Mitspieler der „Dritten Welle" schon der geschäftlichen Klugheit wegen beachten sollten: Offenheit und faires Teilen nicht bloß der entwicklerischen Lasten, sondern auch der lukrativen Einnahmen – erst dies wird ein beiderseits fruchtbares Verhältnis zwischen den Betreibern und den diversen Anbietern mobiler Services und Inhalte ermöglichen. Jedwede voreilige Gier einer der beteiligten Seiten, für sich vorerst einmal den größten Anteil zu sichern, gräbt dem Auffluten der „Dritten Welle" hingegen das Wasser ab.

Dass so mancher Handy-Betreiber sich anfangs den größten Teil des Kuchens zu sichern versuchen wird, ist allerdings ebenfalls verständlich. Substantielle Investitionen in Lizenzen und Netzwerke der dritten Generation (wie etwa UMTS) und ein zwischen 1996 und 2002 halbierter Durchschnittsumsatz pro angemeldeten GSM-Handy-User: Das hat bei manchen Mobil-Betreibern den Wunsch akut werden lassen, in den „neuen Zonen" von allem Anfang an möglichst ansehnliche Revenues zu erzielen. Die Überlegung, kurzsichtig und konträr zu den Lehren des DoCoMo-Modells: Wenn ich nun als Provider von Anfang an auch den größten Teil der Wertschöpfung der Daten- und Content-Dienste lukrieren kann, verschönt dies mit Sicherheit meine allernächsten Bilanzen – und erfreut somit die Eigentümer. Wie wir bereits argumentiert haben, wird sich ein solches Verhalten mittelfristig, binnen weniger Jahre, mit Sicherheit als folgenreicher Trugschluss – oder fußballerisch ausgedrückt: als Eigentor – erweisen. Wie dem auch sei: Wir werden diesen Effekt in einem späteren Kapitel noch ausgiebig analysieren.

DE-FACTO-STANDARDS? ODER: WAIT AND SEE

Allerdings: Die Öffentlichkeit der fortschrittsfreudigen Handy-Benutzer beschäftigt im Moment ein gänzlich anders motivierter Teufelskreis viel intensiver, an dessen Auflösung alle Mobil-

Parteien – Handy-Hersteller, Netzbetreiber wie Inhalte-Produzenten – gleichermaßen interessiert sein müssten. Es geht in der Sache darum, welche aktuell propagierten oder gerade in der Ausentwicklung befindlichen Standards sich in der Tat durchsetzen werden. Jüngstes Paradebeispiel: Derzeit wird der irritierte europäische Handy-Konsument gleich mit mehreren Konstellationen von jeweils konkurrierenden Standards konfrontiert. Was setzt sich als die nächste definitive Evolutionsstufe von SMS durch: Enhanced Messaging Services (EMS) oder gleich Multimedia Messaging Services (MMS)? Beide präsentieren sich als technologisch leistungsfähige Überwinder der Limitationen der guten alten SMS. Und nicht nur der Kunde, auch die Netzbetreiber, die Handy-Hersteller wie auch die Content-/Service-Anbieter verharren in zeitraubendem Abwarten, auf welche Variante man wohl setzen solle. Und wann? Und was, wenn sich die Handy-Szene in Österreich für MMS entscheidet, der mobile Reisende aber in seinem Italien-Urlaub unvermittelt noch den EMS-Standard als vorherrschend vorfindet? Was, wenn der Hersteller des Handys des besten Freundes es nicht gewagt hat, den Standard MMS als vermutlich dominanten vorsorglich zu implementieren? Und wird MMS wirklich so schnell das vorherrschende System – oder kann man sich ruhig einstweilen ein EMS-Handy zulegen, weil ohnedies auch jedes der MMS-Handys diese „EMS-Konvention" versteht und tadellos dechiffriert? Und wann wird auch der Produzent „meiner Handy-Hausmarke" endlich ein attraktives und preiswertes MMS-Gerät auf den Markt bringen? Fragen über Fragen: Der handfeste Circulus vitiosus des Nichthandelns, der allein daraus schon entsteht, lässt sich mit drei dürren englischen Worten beschreiben: WAIT AND SEE.

Nun, das aktuell merkbar zögerliche Nutzungsverhalten gegenüber brandneuen Technologien, die allesamt noch um den begehrten Status als De-facto-Standard ringen, kann dem Konsumenten spätestens seit den Einführungspannen von WAP und GPRS wohl nicht mehr angekreidet werden. Das anfängliche Staunen über all das technisch Machbare hat nunmehr begonnen einer kritischen Bewertung des tatsächlich Nützlichen zu weichen. Denn: Welcher Handy-User hat in den vergangenen Jahren nicht hautnah das Dilemma erlebt, dass manches SMS, das seinen eigentlichen Witz aus einem kunstvollen Arrangement der verfügbaren Zeichen bezog, beim Weitersenden von einem Nokia-Gerät auf ein Siemens-Handy dort kaum mehr wieder zu erkennen war? Allein schon die unterschiedlichen Display-Formate nebst der verschiedenen Zeichen-Größen reichten aus, dass etwa eine nette Grußbotschaft mit grafisch generierten Weihnachtsbäumen wohl heil ankam, Letztere jedoch bis zur Unkenntlichkeit zerhackt wiedergegeben wurden. Zugegeben, ein harmloser Fall. Aber er macht deutlich, dass die Sicherheit in Standard-Fragen (konkret: dass meine Message auch so ankommt, wie sie gemeint ist) zunehmend zur elementaren Vorbedingung der nächsten aufregenden Entwicklungsschritte der Mobilkommunikation wird.

STAATLICHE RAHMENBEDINGUNGEN UND GLÄSERNER MENSCH: RECHTSSICHERHEIT UND DATENSCHUTZ

Aber auch in einer gänzlich anderen Hinsicht – jenseits aller technischen Normungsambitionen – beginnt der Faktor „Sicherheit" zur Kardinalfrage für die „Dritte Welle der Mobilkommunikation" zu werden. Dabei geht es um existentielle Sicherheitsbedürfnisse, also um die Gewissheit, dass die zahlreichen und aussagekräftigen Hinweise und Daten, welche das den Alltag begleitende Handy in Permanenz erzeugt, nicht vom Netzbetreiber, vor allem aber nicht vom „Vater Staat" und dessen Exekutive missbräuchlich verwendet werden.

Verschärft wird diese verbreitete Verunsicherung, die auch jenes Gros der Mobil-User, die sich niemals etwas zuschulden haben kommen lassen, bisweilen sorgenvoll quält, durch ein historisch beobachtbares Faktum: Alle Versuche, neue Kommunikationstechnologien mit herkömmlichen Rechtsnormen zu reglementieren, führen zu schwer vollziehbaren Bestimmungen und Rechtsunsicherheit. Unsere grundsätzliche Position dazu ist ebenso präzise wie leicht nachvollziehbar: Nachdem die heutigen technischen Möglichkeiten, Kommunikation zu überwachen, extrem vielfältig sind, müssen das Vertrauen und die

Sicherheit des Bürgers deshalb durch klare datenschutzrechtliche Bestimmungen und wirkungsvolle Instrumente zu deren Durchsetzung geschützt werden. Staaten dürfen nicht Daten über Bürger sammeln und speichern – und das Datenschutzproblem samt der damit verbundenen Kosten hingegen auf die Privatwirtschaft lenken. Diese – übrigens erheblichen – Kosten sollte aus der Natur der Sache heraus die öffentliche Hand konsequent selber tragen.

Tatsache ist weiters: Für den Staatsbürger ist etwa ein Handelsunternehmen, das seine Kaufgewohnheiten kennt und ihn daraufhin gezielt informiert, von ungleich harmloserer „Natur" als ein Staat, der seine Steuer- und Sozialversicherungsdaten mit Datensätzen über berufliche wie private Aufenthalts- und Lebenshaltungsgewohnheiten systematisch zu einem Profil zusammenführt. Dennoch ist auch die Privatwirtschaft gut beraten, wenn sie angesichts dieses diffusen und verunsichernden Hintergrundes dem Wunsch des Konsumenten nach Privatheit entgegenkommt – und einen von Respekt geprägten Umgang mit den angehäuften Kundendaten zur obersten Maxime der Firmenpolitik macht.

Bei aller Sorge darf man aber keineswegs vergessen, dass digitale Registrierungen und Transaktionen zwar theoretisch zum gläsernen Menschen führen könnten, in der Praxis aber das Volumen der übertragenen Daten dabei derart enorm wird, dass eine Überwachung in „Echtzeit" de facto nicht möglich sein wird.

Allerdings: Mangelndes Vertrauen wirkt sich auch dann auf die Marktentwicklung gesellschaftswirksamer Technologien enorm kontraproduktiv aus, wenn bei näherem Hinsehen gar kein realer Anlass dafür gegeben ist. Allein die Vorstellung eines künftigen Negativszenarios reicht dazu meist schon aus.

DER SWATCH-FAKTOR: DAS HANDY ALS MODE-ACCESSOIRE UND KULTURELLES SIGNAL

Legen wir vorerst einmal den kritischen Diskurs über all die systemisch-ökonomischen Hürden, gesellschaftlichen Befürchtungen und persönlichen Ängste zur Seite. Handy-Nutzer der ersten Stunde erinnern sich meist noch sehr gut, wie das Überwinden solcher Hemmschwellen schon die „Zweite Welle" in den 90ern nuancenreich geprägt hat. Nicht einmal das anfängliche Ressentiment mancher Zeitgenossen gegen die (von vielen bis heute als „goldene Fessel" empfundene) nunmehr ständige Erreichbarkeit konnte verhindern, dass wenige Jahre später das Mobiltelefon sich bereits zu einem attraktiven „MUST" der Alltagskultur profiliert hatte: klein, leicht, bunt oder elegant oder poppig gestylt – und allerorten präsent. Kein Wunder, dass selbst die nüchternen Analytiker der International Telecommunications Union (ITU) in einer 1999 veröffentlichten Studie zur mobilen Benutzerschaft darob ins Schwärmen gerieten: „Handys haben sehr viel mehr mit modischen Accessoires denn mit dem schlichten alten Telefon gemein. Der Erfolg der Mobilen ist somit aus einer triumphalen Partnerschaft von Technologie und Marketing entstanden." Eine Aussage, welche bereits vor Jahren eine Tendenz erahnte, die sich in der Folge kraftvoll auswirken sollte – und augenscheinlich selbst in der aktiven Mobil-Szene noch immer nicht vollends begriffen wird.

Auf den Punkt gebracht: Beim Handy wirkt ein mächtiger Faktor – nennen wir ihn: das Swatch-Syndrom. Oder besser und der Telekom-Branche angepasst: das Nokia-Syndrom. Inzwischen von vielen Mitbewerbern nachgeahmt, hat Nokia als historisch erster Handy-Hersteller eine nachgerade fast banal wirkende, jedoch grundlegende Einsicht intuitiv verstanden und prompt zu Produkten realisiert: Alles, was wir andauernd mithaben, am Leib tragen, erweckt bei uns den Wunsch, dass es nicht nur praktisch, sondern auch schön „designed" sei. Dass es nicht – etwa durch eine immer gleiche Form und Farbe – binnen weniger Gebrauchsmonate schon zum gelangweilt-faden Anblick wird. Und vor allem, dass es trotz seiner raffinierten elektronischen Innereien, die alle Stückerln spielen, rein äußerlich dennoch nicht wie ein allzu nüchternes High-Tech-Tool wirkt. Kurz: All jenen Mobiltelefonierern, welche sich das Handy je nach Vorliebe und Situation einmal schrill und ein andermal dezent wünschen, erfüllte Nokia jedenfalls als erster Hersteller dieses Begehren, indem vorerst zumindest die Farbe und das Oberflächen-Design des Handys durch eine Vielzahl verschiedener „Covers“ mit einem Handgriff verändert werden konnten.

DAS NOKIA-SYNDROM: WECHSELNDE LIFESTYLE-CODES

Wir wissen inzwischen: Die Erkenntnis des fundamentalen Sachverhaltes, dass für massenhaft eingesetzte Alltagsprodukte oftmals nicht allein die Zweck-Form ausschlaggebend sein kann, hat einst die stolze Schweizer Uhren-Industrie gerettet. Im letzten Moment, gerade als die Märkte für die traditionell-mechanische, mittel- bis hochpreisig orientierte Uhrenbranche zusammenzubrechen begannen, gerade als die meist fernöstlichen Billig-Digital-Uhren den Weltmarkt überschwemmten, gelang es Swatch in einem unerwarteten Handstreich, die Uhr zum Mode-Accessoire zu machen. Seither hat man dank Swatch nicht mehr nur eine wertvolle, sondern lieber mehrere Uhren, eben billige – wenn man sich ein Sortiment teurer schon nicht leisten kann. Und all dies aus dem einem – mit der Handy-Situation durchaus vergleichbaren – Grund: Die Uhr (in unserem Fall das Handy) ist nunmehr Bestandteil unseres Lifestyles, soll zum Anlass und zum sorgfältig gewählten Outfit passen. Die probate Funktion (Zeitangabe/Kommunikation) wird schlicht als selbstverständlich vorausgesetzt. In den Vordergrund tritt damit auch – nachdem das Handy längst schon kein elitäres Statussymbol mehr ist – das bewusste Signalisieren von „Culture Codes“: Ich bin sachlich funktional orientiert. Ich bin poppig und flippig. Ich bin zurückhaltend und bescheiden. Ich bin techno-potent. Alles Images, die durch entsprechende Verpackung und Konfiguration des Handys nach außen projiziert werden können.

Allerdings: Größere Teile der Handy-Branche beginnen diesen Swatch-/Nokia-Faktor erst mit gehöriger Verzögerung zu verstehen. Dies vermutlich deshalb, weil man die Welt der Mobilkommunikation bislang durch die ingenieurhaft-technische Brille betrachtet hat. Ein Blickwinkel, der, zugegeben, sehr hilfreich war, die entwicklerischen Klippen der ersten beiden Jahrzehnte des frühen Auf- und Ausbaus des Handy-Marktes zu meistern. Als Zeichen dafür, dass dieser Umgewöhnungsprozess sich vermutlich noch eine Zeit lang hinziehen wird, nehme man nur die „Namengebung“ der Handy-Typen diverser Hersteller. Da findet sich eine sinnleere technologische Zahlenmystik von „R520m“ über „S45“ bis hin zu „6510“. Oder es werden Kürzel verwendet, die gar wie ein Aktenvermerk klingen, wie etwa SGH-A400. (In der Autoindustrie gibt mir ein angebrachtes „C270 CDI“ wenigstens Aufschluss über Klasse, Hubraum und Antriebstyp.) Und nicht wesentlich anders, sondern noch um einiges hermetischer präsentiert sich die Nomenklatur, die zur Bezeichnung etwa der faszinierenden datenvermittelnden Dienste der ersten Phase der „Dritten Welle“ verwendet wird: GPRS, HSCSD, EDGE, UMTS. Diese Begriffe werden seit geraumer Zeit über alle Medienkanäle propagiert, aber welcher Kunde, der nicht in Telekommunikation promoviert hat, kann damit etwas anfangen, dass etwa HSCSD für „High Speed Circuit Switched Data“ steht und GPRS für „General Packet Radio Service“. Beides leistungsfähige, jedoch in technischer Hinsicht grundverschiedene Angebote, beides erste Frühlingsboten der allseitigen mobilen Vernetzung – und dennoch: Die dürren Abkürzungen wecken weder ein vertieftes Verständnis noch ein damit verbundenes neues Lebensgefühl und schon gar nicht unbändige Lust auf die aktive Teilnahme an dieser innovativen Aufbruchsphase der Mobilkommunikation. Industriegeschichtlich um viele Jahrzehnte reifere Branchen wie die Uhren-Produzenten oder die Auto-Hersteller sind auch in dieser Hinsicht offensichtlich bereits um einige Erfahrungen reicher.

MARKENTREUE UND BEWÄHRTE GEWOHNHEIT ALS KAUFMOTIVE

Dass für solch offenkundige Kurzsichtigkeiten nicht ein Versagen der jeweiligen PR- und Marketing-Abteilungen die Ursache ist, zeigt sich an der Tatsache, dass es andererseits den Handy-Firmen in den letzten Jahren durchaus glückte, eindeutig identifizierbare Marken-Kulturen zu schaffen und energisch zu fördern. Trotz aller Volatilität, die einem historisch jungen Produktsektor eigen ist, ist offensichtlich bereits so etwas wie eine eingeschworene Markentreue entstanden: Nach dem ersten oder gar zweiten Handy von Motorola, Ericsson, Siemens oder Nokia, das man wenigstens über einige Monate verwendete, hat man sich unversehens zum deklarierten Anhänger gewandelt. Zu einem Fan, der die Spezialitäten seiner Marke wertschätzt, ja sogar liebt – und SEIN Handy gegen alle anderen Varianten kämpferisch verteidigt. Gegen die teureren und „professionelleren" derselben Marke greift man häufig zum Argument: Ich verwende ES ja nur zum Telefonieren, da brauche ich keinen mitgelieferten Terminkalender, der mit dem PC synchronisiert werden kann. Und schon gar nicht Infrarot oder Bluetooth als Brücke zum mobilen Internet, denn meine E-Mails lese ich lieber in aller Ruhe im Büro. Und gegen in funktional ähnlicher Kategorie angesiedelte Handys anderer Marken muss entweder die Ästhetik als ebenso triftiges wie beliebig austauschbares Argument herhalten: Dein Handy wäre mir zu aufdringlich (zu klobig / zu bunt / zu klein ...). Oder jüngst sogar die Akustik: Ich hätte längst schon ein XXX gekauft, aber dafür gibt es nicht so tolle polyphone Klingeltöne wie für YYY. Oder last, but not least: die jeweils andere, weil markentypische Benutzerführung.

Wobei gerade letztere noch die rationalste Variante dieser bereits die Form religiöser Auseinandersetzungen annehmenden Marken-Differenzierung darstellt: Ist man an eine (nach kurzer Zeit nahezu automatisiert vollzogene) Menü-Bedienung einmal gewöhnt, fällt der Umstieg auf eine andere Marke mit eigenen – daher meist anderen – Bedienungsabläufen tatsächlich schwer. Urplötzlich findet sich fast keine Funktion mehr an dem Platz, in dem Kontext, in dem man sie zu suchen gewohnt ist – eine fremde Welt, an die sich anzupassen oft genauso mühsam ist

VERGLEICH HANDY UND FESTNETZ

BEDEUTUNG VON HANDY UND FESTNETZ FÜR DIE ZUKUNFT

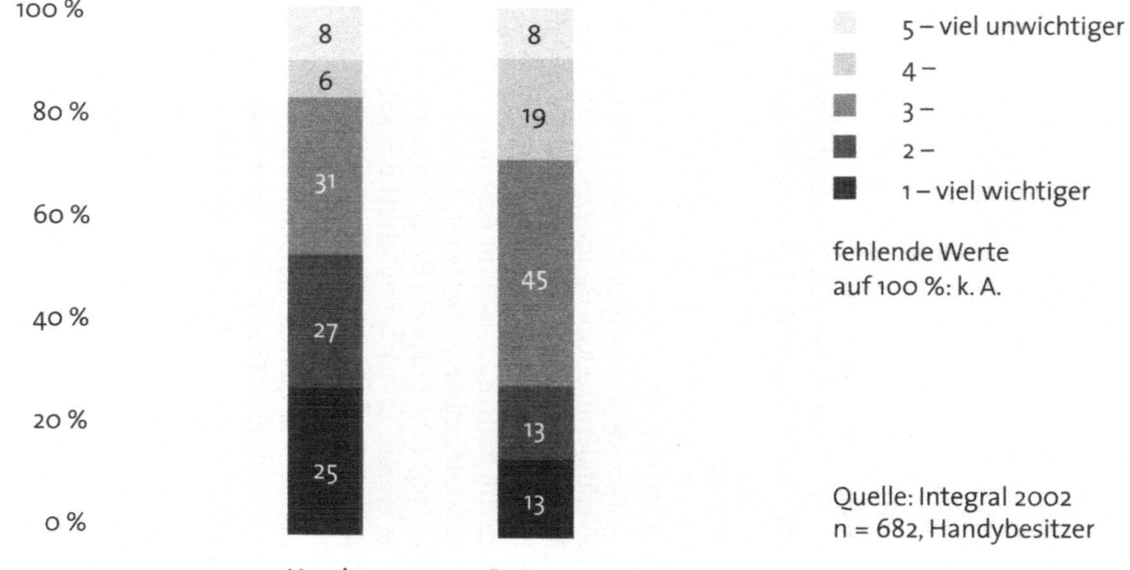

Quelle: Integral 2002
n = 682, Handybesitzer

wie die Umstellung vom kontinentalen Rechtsverkehr zum britischen Linksverkehr. Erfolgreiche Handy-Hersteller verändern daher höchst ungern ihre hauseigene Art der Menü-Führung, wissen sie doch nur zu gut, dass sie sich damit ein wichtiges Kaufmotiv zerstören würden. Denn: Das gute alte Gewohnte wird vom durchschnittlichen Benutzer selbst dem besser gestalteten, logischer angeordneten, jedoch irritierend Neuen in der Regel vorgezogen.

RADIKALES RE-DESIGN: WAS UNS DIE NEUE VIELGESTALTIGKEIT DER „MOBILE DEVICES" BRINGT

Abseits der eher beharrlich-konservativ gepflegten Benutzerführung finden jedoch die Industrie-Designer aller Provenienz mit der Handy-Branche eine phantastische Spielwiese vor: kreative Freiräume zur Innovation sowie spannende Herausforderungen. Und heute mehr denn je: Die „Dritte Welle", die dem mobilen Datenverkehr zum Durchbruch verhelfen wird, bedingt denn auch – aus der Natur ihrer Sache heraus! – einige tief greifende Veränderungen im Handy-Design. Der Grund, warum dieses „Morphing" erst jetzt stattfindet, ist einfach: Solange das Handy fast ausschließlich zum Telefonieren verwendet wurde, konnte die gültige Basis-Form sehr organisch vom modernen Festnetz-Telefonhörer abgeleitet werden. Daraus wurde entwicklungsgeschichtlich ein Hörer, der mit Wähltasten versehen wurde, worauf im nächsten Schritt das Kabel wegfiel, weil die letzten Meter zum Festnetz schnurlos überbrückt wurden. Und im letzten Schritt hin zum Handy kappte man die Festnetz-Anbindung und ersetzte sie durch landesweit verteilte Funkzellen – das Sprach-Telefon war damit mobil geworden. Aus dieser Genesis heraus war für das Sprach-Handy der „Ersten" wie der „Zweiten Welle" kein besonders radikaler Umbruch in Design und Gestalt notwendig. Sukzessive konnte so der Benutzer daran gewöhnt werden, dass das Telefon unserer Tage so erschreckend neu nicht ist – nur dass es eben kleiner und kleiner wurde. Und dass es nunmehr mit einer virtuellen „Schnur" am Netz hängt. Dieser Formentwicklung entsprechend schöpft die Mobiltelefonie bis heute in ihrer tatsächlichen Nutzung kaum noch das ihr technologisch inhärente Potenzial aus, sondern mutet an wie: „Fixed-Line“ mit einem sehr, sehr langen Kabel. Sprechen und Zuhören kann man damit allemal.

Bereits die ersten populären Daten-Dienste begannen an der bis dahin selbstverständlich erscheinenden Telefonhörer-Gestalt zu „kratzen“ – und damit prompt völlig neuartige Design-Ideen zu generieren: Der unerwartete SMS-Boom etwa erzeugte sofortigen Nachdenkbedarf, weil die traditionelle Wähltastatur von jeher auf Zahleneingabe optimiert war – und sich nur nach antrainierter Virtuosität zur halbwegs flotten Eingabe von Wortbotschaften adaptieren und verwenden ließ. Nach einigen eher glücklosen Zwischenstufen in Form von ansteckbaren winzigen Tastaturen kamen jüngst die ersten speziell für SMS und Mobil-Chatten optimierten Handys auf den Markt. Man verwendet sie beim Wählvorgang und der SMS-Eingabe nicht mehr hochkant, sondern durch ihr horizontales Quer-Design kann man mit den Daumen beider Hände sehr komfortabel auf zwei links und rechts vom Bildschirm placierten Tastaturblöcken seine Texte tippen und absetzen. Dies klappt umso leichter, als die Tasten nach der gewohnten Schreibmaschinen-Norm (QWERTZ) angeordnet sind. Nur zum Telefonieren dreht man das Gerät wieder in die Vertikale. Alles in allem: Ein bei näherer Betrachtung recht radikales und folgenreiches Re-Design des guten alten Telefonhörers – ein Umbruch-Signal, das von den Kids der SMS-Generation sofort intuitiv verstanden (und wie man hört: begeistert akzeptiert) wurde.

DAS HANDY AUF SEINEM LANGEN WEG VOM UNI-MEDIUM ZUM MULTI-MEDIUM

Oder nehmen wir das von der Industrie überhastet eingeführte „Wireless Application Protocol“, besser bekannt als WAP. Zugegeben: Die Idee, dem „World Wide Web“ der „großen Schwester“ Internet eine abgeschlankte Form des mobilen Web-Browsens ergänzend zur Seite zu stellen, war so falsch nicht, lag eher auf der Hand. Allein: Die Entwicklung hin zu einer halbwegs befriedigenden Benutzbarkeit von Diensten der WAP-Technologie stellt die Handy-Designer und Ergonomie-Spezialisten bis heute vor immer neue und zeitweise schier unlösbar scheinende Herausforderungen. Und nicht nur sie, sondern auch die Medienprofessionals, welche die Inhalte der WAP-Portale gestalten sollen. Der Grund: Das Display des Handys bietet nun mal eine 20- bis 100-mal kleinere Darstellungsfläche als jeder übliche Internet-PC-Monitor mit seiner vergleichsweise üppigen Diagonalweite von 15 bis 21 Zoll.

Der erste logische Schritt aus dem Dilemma war, die Display-Fläche der WAP-fähigen Mobiltelefone auf die maximal verfügbare Fläche zu vergrößern. Im üblichen Hochkant-Design gelang dies allerdings nur um den Faktor zwei – mehr war aus Platzgründen beim besten Willen nicht möglich. Nicht viel, aber von der verdoppelten Display-Fläche profitiert seither auch der Normal-Telefonierer, der WAP vielleicht selten bis gar nicht benutzt, weil er damit einen besseren Überblick über die immer vielfältiger werdenden Menü-Funktionen bekommt und die Navigation darin enorm erleichtert wird. Gewiss: Ein ungewollter „Side-Effect", aber zugleich ein weiterer bedeutsamer Schritt im aktuell einsetzenden Gestaltwandel der Handys, welcher allein durch die neuen Anforderungen der „Dritten Welle" hervorgerufen und initial umgesetzt wurde. Selbst wenn das bislang als Daten-Technologie (verglichen mit SMS) eher bescheiden erfolgreiche WAP in nächster Zeit durch besser funktionierende Nachfolge-Konstrukte ersetzt werden sollte – das historische Verdienst, die allzu karge Display-Größe zum schöpferischen Design-Thema gemacht zu haben, wird man WAP wohl nicht mehr nehmen können. Und dass WAP mit seiner „brutalen" Notwendigkeit zur gezielten Reduktion der Inhalte manchen vorerst naiv agierenden Content-Anbietern den Blick für ein neuartiges und speziell den Gegebenheiten der Mobilkommunikation angepasstes Informationsangebot geschärft hat, darauf werden wir später im Zusammenhang mit produktiven Modellen der Personalisierung, Lokalisierung und der Echtzeit-Information noch einmal zurückkommen.

Zwei markante Einsichten daraus sollten wir festhalten: Die Handy-Formen der „Dritten Welle" werden nunmehr in immer schnellerer Folge ganz konkret zu multifunktionalen „Devices". Und das Handy selber hat sich längst schon vom „Uni-Medium" zum Zwecke der reinen Sprachtelefonie zu einer spezifisch neuen und mobilen Art von „Multi-Medium" zu verwandeln begonnen. Es transportiert nunmehr neben Sprache auch einen digitalen Kontext an wertvollen Daten und Informationen. Das Mobiltelefon wird überdies zum Entertainment-Tool: mit Musik, Games, Fotos. Und mit der schrittweise erweiterten Bandbreite der Netze wird (spätestens gegen Ende des Jahrzehnts) auch das Senden und Abrufen von persönlichen Live-Videos zum Usus geworden sein.

BENUTZBARKEIT ALS ULTIMATIVE HERAUSFORDERUNG: ONE SIZE DOESN'T FIT ALL NEEDS

Einsicht Nummer zwei: Wir werden das gewohnte Handy bald nicht mehr wieder erkennen, weil es sich nun beschleunigt zu vielgestaltigen Formen hin entwickelt. Die Usability-Experten und Handy-Designer postulieren diese Erkenntnis in einem simplen Leitsatz: „One size doesn't fit all needs!" Je nach spezifischem Benutzer-Interesse werden die Handys entweder mit größeren und färbigen Displays aufwarten – oder aber mit komfortableren Eingabe-Möglichkeiten (bessere Tastaturen, Handschrifterkennung, raffinierte Steuerung durch Sprachkommandos ...). Sie werden mehr Features und Funktionen in sich vereinen – oder aber zu noch kleineren Dimensionen schrumpfen. Eine Matrix an Anforderungen, von denen manche nicht bloß entgegengesetzt sind, sondern sich sogar gegenseitig ausschließen. Eine verquere Kombination, die wohl kaum zum Erfolgsrezept wird: Erweiterte Internet-Daten-Services abzufragen, während man sich beim Versuch, diesen komplexen Prozess in Gang zu setzen, fast die Finger bricht – und sich beim Ablesen der eintreffenden Informationen zudem die Augen verdirbt. Denn der aktuell vorherrschende Handy-Trend hin zu klein, chic und preiswert ist zwar für die reine Sprachtelefonie perfekt, keineswegs jedoch für die in naher Zukunft auch reichhaltig verfügbaren Anwendungen der mobilen Daten-Kommunikation. Es sei denn, man begnügt sich jeweils mit einem oder zwei speziell faszinierenden Features. Und besitzt dafür mehrere Handys – also eine andere Form des Swatch-Syndroms?

MOBILE WOLLMILCHSAU VERSUS LEGO-SYSTEM

Die „universelle Variante" hingegen bedeutet konkret: Handy-Typen, die speziell mit vielseitigen Fähigkeiten zur mobilen Daten-Vernetzung brillieren sollen, müssen im Formfaktor wieder um einiges größer werden. Oder eben so geschickt modular konzipiert sein, dass man je nach gewünschter Funktionalität mit einer Reihe von „Add-ons" (Kamera, großer Bildschirm, Tastatur, Personal Information Manager ...) in einer Art Lego-System die passende Kombination vor Ort zusammenstecken kann. Beide Modelle entsprechen übrigens ausgeprägten Wünschen von Super-Usern. Während die einen ein einziges Gerät für alles – quasi die mobile Wollmilchsau – haben wollen, bevorzugen die anderen das flexible Baukasten-Prinzip, bei dem zum schlank bleibenden Basis-Gerät die jeweils der Situation adäquaten Zusatz-Module gezielt gewählt und mitgenommen werden. Die ersteren argumentieren damit, dass die Wahrscheinlichkeit, allesamt gut aufeinander abgestimmte Komponenten zu bekommen, mit einem integrierten Gerät à la „Communicator" erfahrungsgemäß wesentlich höher sei. Die anderen gehen dieses faktische Risiko bewusst ein, weil sie zum einen nicht immer die gesamte Funktionalität benötigen und mitschleppen wollen, zum anderen, weil ihnen der spontane Austausch gegen neu auf den Markt kommende, verbesserte Module als Option sehr wichtig ist. Klar geht aus solchen und ähnlich gelagerten Konstellationen lediglich hervor: Benutzer haben eben unterschiedliche Bedürfnisse, die wiederum verschieden ausgelegte Geräte erfordern.

CHIC, SLICK AND EASY

Wie aber kann komplexe technische Funktionalität mit dem berühmten Kodak-Slogan harmonieren: Just push the button – we do the rest? Ein Prinzip, dessen Erfüllung – wie wir bereits grundsätzlich analysiert haben – für das unbefangene Bewegen und Kommunizieren in einem künftigen „Evernet" unabdinglich notwendig sein wird. Und zu dessen Realisierung zurzeit rund um den Erdball intensive Forschungs- und Entwicklungsprojekte am Laufen sind: etwa zur Etablierung eines „Device

Unifying Service" (DUS), das in Zukunft den Benutzern die Mühsal der Konfiguration ihrer diversen Geräteparks dynamisch und automatisch abnehmen soll. Und der Bogen spannt sich bis hin zu ersten fundamentalen Untersuchungen, wie ein „Personal Net" konzipiert sein muss, das nicht technologieorientiert ist, sondern auf der Bedürfnisstruktur des Benutzers beruhend, dessen berufliche genauso wie die private, die mobile genauso wie „feste" Vernetzung effektiv zu handhaben in der Lage ist.

Welche Lösungen aus all den ambitionierten Projekten sich letztlich als praktikabel erweisen, dies zu prognostizieren wäre nicht nur vermessen, sondern würde an Scharlatanerie grenzen. Der Wille, die faszinierende Vision zur Realität zu machen, ist groß – gültige Antworten sind jedoch noch rar. Als Gewissheit dürfen wir aber zusammenfassen: Die „Dritte Welle" steht und fällt mit der Frage der USABILITY. Sprich: mit der Entwicklung von einfach-intuitiv benutzbaren Geräten und Anwendungen, die unser ästhetisches Bedürfnis erfreuen, die man daher gerne einsteckt und auch permanent verwendet. Adäquates Design und komfortable Benutzbarkeit werden umso mehr zu Schlüsselfragen, je mehr das Handy sich vom simplen Telefon zum multifunktionalen Kommunikationsgerät entwickelt. Aus diesem Blickpunkt betrachtet wird sich eine SMS-Ära, die allein des hohen Wertes des Services wegen die unbequeme Benutzbarkeit dieses Dienstes vergessen ließ, in dieser Form vermutlich nicht wiederholen lassen. Sprich: Die nächsten „Killer-Applikationen" (Gerät wie Anwendung) werden sich trotz all ihres Nutzens dem User nahezu in die Hand schmiegen. Und werden sein: CHIC, SLICK AND EASY.

EINE SCHRECKLICH NETTE FAMILIE IM URLAUB BEDEUTET: EIN GUTES DUTZEND LADEGERÄTE

Eine Nachbemerkung noch, eigentlich eine naiv-erstaunte Frage an die Handy- und Mobil-Geräte-Industrie: Warum braucht man für jedes Device ein anderes Ladegerät?

Vergegenwärtigt sich denn niemand den allein dadurch entstehenden Freizeit-Horror innovativer Durchschnittsfamilien, wenn diese eine kleine Reise unternehmen: Papa braucht sein

Ericsson-Ladegerät, dazu eines für den iPAQ. Mama ein anderes für das geliebte Siemens plus eines für ihren Palm-Loader. Die pubertierende Tochter vergisst die vitale Ladestation zu Hause, worauf eine kleine Tragödie folgt, weil der Vieltelefoniererin die Energieversorgung des geliebten Nokia-Handy bereits am Sonntagmorgen jäh erschöpft ist. Und der Sohn schwört auf das Batman-Design von Motorola – Loader Nummer fünf. Und unversehens ist das Dutzend voll: Die familieneigenen Digital- und Videokameras, die Minidisc- und MP3-Player der Kinder, das zur spontanen Bildbearbeitung eingepackte Notebook – jedes kommt mit arteigenem Ladegerät.

Unser ironisch-heiterer Appell: Das Aufkommen des „Evernets", dieser großartigen technologischen Ambition, darf doch wohl nicht an einer stetig wachsenden Fülle von banalen Ladegeräten scheitern!

BUSINESS-ZONE MOBILKOMMUNIKATION: VORBEDINGUNGEN, GRUNDMODELLE, AUSSICHTEN

Schnitt. Erneuter Szenenwechsel. Reden wir vom Geschäft. Mit der „Dritten Welle“ und ihrer synergetischen Ergänzung und Aufwertung der Sprachtelefonie mit der ortsunabhängigen Datenkommunikation wird das gewohnte Handynetz zu einer mobilen „Shopping Mall“ für diverse dafür geeignete Businesses. Es wird zu einer medialen Piazza für Freizeitvergnügen und Entertainment von Musik über Comics und Spiele bis hin zu Video-Clips. Und es wird zu einem Marktplatz von wertvoller Information, die ad hoc und der Situation adäquat abgerufen werden kann – gegen einen in der Regel bescheidenen Obulus.

Alles in allem: eine heranwachsende Business-Zone, welche für die nächsten Jahre und Jahrzehnte viele Hunderte Milliarden Euro an Umsätzen nicht nur naiv erhoffen, sondern wohl auch seriös erwarten lässt. Was? Sie haben all diese Sätze bereits seit Jahren bis zum Überdruss vernommen (Stichwort: Internet) und sind jetzt, nach Ihren Börsenverlusten und dem Bekanntwerden der verbreitet und bislang ungestraft angewandten „kreativen“ Bilanzierungstechniken (Enron, WorldCom & Co) zum überzeugten Skeptiker geworden? Sie haben Recht – zumindest was das Internet als derzeit noch immer schwierige Business-Zone, als kaum noch lukratives Geschäftsfeld betrifft. Das Internet als technischer Medienkanal hingegen blüht und gedeiht auch heute noch wie nie zuvor. Die Benutzer aller Altersgruppen strömen in Scharen ans Netz – und finden dort in all der unüberschaubaren Fülle noch viel zu wenig sinnvolles Angebot vor. Oder stoßen eher per Zufall darauf.

Wir haben den Sachverhalt bereits angedeutet: Betrachtet man den Werdegang der Mobilkommunikation mit ebenso offenem wie scharfem Blick, dann muss selbst der Skeptiker zugestehen, dass die Internet-Szene und die Handy-Branche nicht nur in ihrer Genesis höchst unterschiedlich sind, sondern auch seit je von grundverschiedenen Business-Modellen ausgegangen sind. Kurz: Die Mobilfunk-Branche generiert Monat für Monat allein aus ihren massenhaft verkauften Basis-Accounts samt den auflaufenden Gesprächsgebühren ganz real jene Milliarden-Umsätze, von denen die Internet-Branche in ihren kühnsten Geschäftsplänen jahrelang geträumt hatte. Dass die Mobilfunk-Anbieter für ihre Handymasten- und Netz-Infrastruktur zugleich jedoch ungleich massivere Investitionen als die Internet-Konkurrenten finanziell zu verdauen hatten, ist eine andere Sache. Und eine, die bislang in der Regel positiv ausgegangen ist, weil Marktwachstum, Marktanteile und somit auch Return of Investments sich in einem durchaus befriedigenden Verhältnis entwickelten.

DER AUF- UND AUSBAU VON MOBILEM BREITBAND VERLANGT EINIGES UMDENKEN BEI ALLEN BETEILIGTEN

Ob sich diese angenehme Ertragssituation in jenen Ländern und bei jenen Anbietern, welche obszön hohe Summen für die Ersteigerung der begehrten UMTS-Lizenzen vorfinanzieren mussten, auch nach vorn – also auf die kritischen Anfangsjahre der „Dritten Welle" – unreflektiert positiv projizieren lässt, ist wieder eine andere Sache. Diesmal jedoch eine, die hoffentlich zu einem produktiven, wenn auch zwangsweisen Umdenken der staatlichen Lizenzgeber und Regulierungsbehörden genauso wie der bislang im Infrastruktur-Bau nur selten kooperierenden Mobil-Provider führen wird.

Nur zur rein sachlichen Gegenüberstellung: Der Gesamterlös, den die Finanzministerien aus den europäischen UMTS-Lizenz-Vergaben erzielen konnten, betrug satte 120 Milliarden Euro. Der Spitzenreiter war Deutschland mit rund 50 Milliarden Euro, dicht gefolgt von Großbritannien mit rund 38 Milliarden Euro. Keine Frage, dass die europäische Mobilfunk-Branche sich jetzt intensiv die Köpfe zerbricht, wie man in der Folge wenigstens die Kosten für die zu errichtenden Funk-Infrastrukturen eindämmen könnte. Seriöse Hochrechnungen etwa der aus gemeinsamer Netz-Errichtung und -Nutzung erzielbaren Einsparvolumina reichen theoretisch von 15 bis zu sogar 40 Prozent für

UMTS-MARKTZUTRITTSREGULIERUNG

IN DEN EU-STAATEN BIS ENDE 2001

Land	Vergabezeitpunkt	Lizenzzahl	Vergabeverfahren	Lizenzlaufzeit (Jahre)	Lizenzpreis (€)[1]
FINNLAND	März 1999	4	Ausschreibung	20	0
SPANIEN	13. März 2000	4	Ausschreibung	30	10,5
GROSSBRITANNIEN	27. April 2000	5	Auktion	25	59,5
NIEDERLANDE	24. Juli 2000	5	Auktion	16	15,0
DEUTSCHLAND	18. August 2000	6	Auktion	20	51,6
ITALIEN	27. Oktober 2000	5	Auktion	15	21,2
ÖSTERREICH	**3. November 2000**	**6**	**Auktion**	**20**	**8,1**
SCHWEDEN	Dezember 2000	4	Ausschreibung	15	variabel[2]
PORTUGAL	19. Dezember 2000	4	Ausschreibung	15	3,3
BELGIEN	2. März 2001	3 (4)[3]	Auktion	20	4,9
FRANKREICH	31. Mai 2001	2 (4)	Ausschreibung	15	10,7
GRIECHENLAND	13. Juli 2001	3 (4)	Auktion	20	6,9
DÄNEMARK	15. September 2001	4	Auktion	20	8,1

(1) Preis pro Einwohner für 10 MHz Spektrum
(2) Pro Jahr € 5.447 plus 0,15 % vom Umsatz plus € 17,43 pro Basisstation
(3) Ursprünglich geplante Lizenzzahl in Klammern

Quelle: Prof. Gerpott Analysen 2002

die gesamte Netzinvestition – je nachdem, wie weitgehend die Branche zusammenarbeitet. Umgerechnet wären das 17 bis 43 Milliarden Euro – erspart in den kritischen ersten Jahren des Auf- und Ausbaus. Viel Geld, das in die Bereitstellung attraktiver Contents und die Entwicklung nützlicher Services investiert werden könnte. Somit in verlockende Angebote, welche den heute noch rein sprachtelefonierenden Handy-User umso schneller von den überraschend neuartigen Qualitäten der „Dritten Welle der Mobilkommunikation" überzeugen könnten.

Ob diese synergetische Sichtweise allerdings auch von jenen bislang erfolgsverwöhnten „Key Players" der Mobilfunk-Branche angenommen wird, welche historisch gewohnt sind, den Mitbewerber um jeden Preis und mit jedem erdenklichen Dumping zu verdrängen, kann zurzeit noch nicht beantwortet werden. Allein der nüchterne Blick auf die x-fach höheren Kosten für die Infrastrukturen, aber auch für die Endgeräte der nächsten Handy-Generation müsste sie zur ökonomischen Raison – sprich: zur partiellen und allseits fruchtbaren Kooperation – bringen.

Ein Argument, das auch die in dieser Frage bislang sehr prohibitiv eingestellten Regulierungsbehörden nicht vom Tisch wischen sollten, sondern vielmehr zum Anlass nehmen, ihre restriktive Position zu überdenken: Während durch geschickt abgestufte Modelle von „Network Sharing" eine Monopol-Gefahr nicht wirklich gegeben ist, würde eine liberale Auslegung dieser Causa beispielsweise die flächendeckende Versorgung des ländlichen Raumes gleich um Klassen verbessern. Kaum ein Provider kann es sich zurzeit leisten, die peripheren Netzstrukturen auf gleich hohem „Service Level" wie in den urbanen Ballungszentren zu errichten, während dies in der kooperativen Manier eines partiellen „Network Sharing" sehr wohl möglich wäre. Nebenbei angemerkt: Offenes Rätselraten herrscht bei Analysten wie Betreibern, welche Haltung die strengen Wettbewerbshüter der Europäischen Kommission zu einem solchen „Network Sharing" in Hinkunft einnehmen werden ...

INTERNET UND MOBILKOMMUNIKATION DER NÄCHSTEN GENERATION: UNTERSCHEIDUNGEN UND SYNERGIEN

Der Wille zu bewusstem und synergetischem Zusammenwirken könnte aber auch der entscheidende Faktor sein, der im kommenden Jahrzehnt Internet und Mobilkommunikation miteinander verweben und verwachsen lässt – zum produktiven Nutzen der Anwender wie der beteiligten Businesses. Ein Trend, der sogar zu einer (aus heutiger Sicht: etwas überraschenden) Revitalisierung des Internet-Business (und diesmal auf rationalkaufmännischer Basis) führen könnte. Dabei wird extrem viel von einer gelungenen und sukzessiven Kombination dieser ungleichen Technologie-Schwestern abhängen. Denn: M-Business und E-Business brauchen einander nicht zu fürchten, brauchen einander nichts zu neiden. Beide werden einander nicht ersetzen, sondern bestens ergänzen. Selbst die stetig breitbandiger werdende Mobilkommunikation wird gewiss nicht das Internet verdrängen können – und klugerweise auch gar nicht wollen. Vielmehr: Beide Formen werden sich relativ unterschiedlich entwickeln. Dies aus einem guten Grund: Beide können – von ihrer „technologischen Natur" her – mit verschiedenen Stärken aufwarten. Und beide haben allerdings auch ihre spezifischen Schwächen, die es bei jeglicher Business-Modellierung nüchtern zu berücksichtigen gilt.

Im Klartext: Im Festnetz wird das Business-To-Business-Geschäft (B2B) überwiegen, in Mobilnetzen der Business-To-Consumer-Sektor (B2C). Interessant werden überdies nur jene Services sein, deren mobile Nutzung eindeutig und nachvollziehbar Sinn macht. E-Business zwischen Unternehmen wird hingegen allemal eine Domäne des Festnetzes bleiben. Seien wir doch ehrlich: Derzeit gibt es für Einkäufer in Unternehmen doch kaum einen Grund, Bestellungen via Handy zu tätigen. Hingegen wird der Mobilfunk durchaus in sehr spezifischen Nischen des E-Business sehr schnell zunehmende Bedeutung erlangen – zum Beispiel bei der Sendungsverfolgung im Bereich E-Logistik. Aber auch in der mobilen Abwicklung und Unterstützung betrieblicher Workflows – egal, ob es dabei eher um organisatorische oder informationslastige Prozesse geht. Gleichermaßen klar ist aber, dass die Privat-Konsumenten, welche in einem virtuellen Kaufhaus nach begehrten Waren stöbern, dies zunächst eher über das Festnetz-Internet tun werden. Aus dem schlichten Grund, weil eben das Navigieren durch umfangreiche Warenkataloge am Desktop-PC um Welten einfacher ist als am Handy – und es wohl noch einige Zeit sein wird. Zur Freude der Mobil-Anbieter sehr rasch entwickeln wird sich hingegen der mobile Consumer-To-Consumer-Bereich (C2C), weil die wachsende Anzahl privater Homepages wahrscheinlich auch die damit verbundene Kommunikationsdichte via Handy entsprechend erhöhen wird. Nun, die Differenzierung der jeweiligen Stärken und Schwächen ließe sich fast beliebig fortsetzen ...

KRITERIEN FÜR „E-MARKETPLACES": WANN INTERNET, WANN MOBILKOMMUNIKATION – UND WANN BESSER BEIDE?

Zwei Kriterien können als Leitfaden dienen für jedwede Analyse, welche Segmente des „Electronic Business" in Hinkunft vom Internet und welche wiederum eher von der vernetzten Mobilkommunikation geprägt sein werden. Zum einen: Benötigt man für dieses Geschäft eher die mächtigere Bandbreite, die verlässlich hohen Datentransferraten, die technologisch überlegene Ausfallssicherheit des Internet – oder geht es vor allem darum, den Benutzer mit meinen Informationen und Angeboten „anytime and anywhere", also in der Regel: via Mobilkommunikation zu erreichen? Schon entlang dieser Scheidelinie trennt sich Internet-Spreu vom Mobil-Netz-Weizen – und selbstverständlich auch vice versa. Und wir haben bereits betont: In einer ganzen Reihe von elektronischen Geschäftsfeldern wird erst die kluge und reibungsfrei funktionierende Kombination der beiden Schlüssel-Technologien den Weg zum Markterfolg öffnen.

Der zweite und mindestens genauso essentielle Gesichtspunkt: Benötigt man für seine geschäftliche Ambition beim Endkunden die größere Reichhaltigkeit der Darstellungsmöglichkeiten und den damit assoziierten Bedienungskomfort eines Internet-PC? Oder erreicht man seinen Kunden viel direkter und eher mit reduziert-verdichteten Informationen via Handy?

Anders gesagt: mit Angeboten, die trotz der limitierten Display-Größe des datenfähigen Mobiltelefons dem Konsumenten in attraktiver Weise vermittelt werden können – und diesen überdies zur rechten Zeit und am rechten Ort erreichen? Ein Vorgehen, welches trotz seiner scheinbaren Beschränkungen ein wirkungsvolles Instrument sein kann, wie ein österreichischer Pilotversuch 2001 erwies: McDonald's offerierte und bewarb gemeinsam mit dem Netzbetreiber ONE via SMS einen „Mobile Voucher", dessen Einlösung einen Cheeseburger gleich um 50 Prozent verbilligte. Die „Response Rate" sprengte die kühnsten Erwartungen: 30 Prozent der gezielt adressierten Handy-User reagierten und strömten in Scharen zu McDonald's. Zielpublikum, Form und Botschaft hatten in diesem Fall einfach rundum zusammengepasst.

Als Zwischenresümee: Information/Kommunikation und Marktgeschehen haben seit den alten Griechen, seit der athenischen „Agora", immer zusammengehört, haben einander begleitet, gegenseitig gefördert. Der einzige Unterschied zu heute: Medien und technische Kommunikation sind inzwischen zum weittragenden Verstärker der Anliegen von Verkäufern wie auch Käufern geworden. Ja: Mobilkommunikation wie Internet schaffen inzwischen sogar ihre ganz eigenen Marktplätze – ihre elektronisch-telematischen Formen ebenjener traditionellen „Agora". Oder vorsichtiger formuliert: Wir beginnen gerade, im Experiment – im Versuch-und-Irrtum-Verfahren – herauszufinden, welche davon bleibenden Bestand im Geschäftsalltag der Zukunft haben werden.

STICHWORT ATTRAKTION: DER KAMPF UM DIE AUFMERKSAMKEIT DER VERNETZTEN USER

Womit wir unversehens auf einen kritischen, sehr entscheidenden Punkt gestoßen sind, denn ein seltsam-ironischer „Spiegel-Effekt" zeigt sich bei jedem Versuch der Konstruktion solcher virtueller Marktplätze. Egal ob „klassisches Internet" oder „Mobile Net": Der Konsument, der „in das Netz reinschaut", genauso wie der Informations- oder Service-Anbieter, der quasi richtungsverkehrt „aus dem Netz zum Kunden rausschaut" – beide wissen oft nicht recht, wie sie gezielt „zueinander kommen" können. Ein haariges Thema, das bislang meist nur aus der User-Sicht diskutiert wurde: Wie orientiere ich mich im Dschungel des Netzes, wie finde ich die für mich passenden Informations- und Service-Angebote?

In jüngster Zeit allerdings stellte sich parallel dazu immer brisanter auch die Frage, wie man andererseits mit seiner prächtigen Internet- oder WAP-Site die Aufmerksamkeit des Benutzers effektiv auf sich lenken könnte. Wie man für eine stark segmentierte und diffus interessierte User-Gemeinde attraktiv, also anziehend wirken könnte. Eine ökonomisch überlebenswichtige Problemstellung, die spätestens seit dem naiven Scheitern so vieler „Dotcoms" nicht mehr so einfach vom Tisch gewischt werden kann. Denn die grundsätzliche Crux der Anbieter muss man sich einmal ganz plastisch vergegenwärtigen. Selbst wenn „feste" wie mobile Bandbreite schnell weiter wachsen und permanent kostengünstiger werden: Die Größe des Schaufensters, in dem sie ihr Service- oder Verkaufsangebot dem vernetzten Konsumenten darbieten können, misst bis auf weiteres nicht mehr als eben das bescheidene Rechteck des Computer-Monitors beim Anwender, somit maximal 30 mal 40 Zentimeter.

Mehr noch: Um auf diesem winzigen Raum, auf dieser extrem bescheidenen Darstellungsfläche die ungeteilte Aufmerksamkeit des erhofften Kunden zu bekommen, darum prügeln sich gleich viele Hunderttausende Anbieter. Und mit dem Einsetzen der „Dritten Welle" hat ein vergleichbarer Kampf auch in der vernetzten Mobil-Kommunikation begonnen. Dort allerdings unter deutlich verschärften Vorzeichen: Selbst wenn das prototypische Network-Handy dereinst fast nur mehr aus dem Display bestehen sollte, so beträgt die verfügbare Darstellungsfläche (aus ergonomischen Gründen) höchstens 5 mal 10 Zentimeter. Man stelle sich vor: Auf einer Fläche, die man mit einigen Briefmarken kurzerhand verkleben könnte, sollen sich in Hinkunft produktive Informationstransfers und mobiles Entertainment nebst lukrativen Geschäftstätigkeiten sonder Zahl ereignen. Es braucht wahrlich nicht viel Phantasie, um sich das ganze Ausmaß der inhärenten Probleme, welche die Industrie der mobilen

Kommunikation noch kreativ zu lösen haben wird, lebhaft vorzustellen.

Und dennoch: Genau in dieser merkwürdigen Verquickung einer extremen Übersichtlichkeit des winzigen Bildschirms mit der schieren Unüberschaubarkeit der „dahinter“ interaktiv erschließbaren Informations- und Verkaufsräume liegt eine der Schlüsselfragen des vernetzten Business der nahen Zukunft – ein Paradoxon der Sonderklasse. Ein doppeltes sogar, denn das aufkommende „virtuelle“ Geschäft mit Information, Entertainment und Services steht beim Mobile Net genauso wie schon im Internet vor einer weiteren brennenden Frage: Warum sollen all die Menschen gerade HIER vorbeischauen und etwas kaufen oder konsumieren – wenn sie einen Mausklick oder einen Tastendruck entfernt gleich Tausende Alternativen haben? Was führt all die ersehnten Kunden geradewegs zu DIESEM Angebot, was verführt sie zum Kaufakt, was bindet sie darüber hinaus nachhaltig just an DIESEN EINEN Anbieter?

DAS HANDY AUF DEM WEG ZUM MOBIL-VERNETZTEN, VOR ALLEM ABER PERSÖNLICHEN ASSISTENTEN

So klein dieser „Showroom“ für Angebote aller Art am Handy auch ist, er kann mit einem Vorteil aufwarten, den kein anderes Medium auch nur annähernd deutlich aufweist. Das Handy, im Verlauf der „Dritten Welle“ schrittweise auch zum mobilen Internet-Zugang mutiert, hat man in (fast) jeder Lebenssituation dabei. Es ist längst zum ebenso selbstverständlichen wie nützlichen Alltagsbegleiter geworden. Das bedeutet: Mehr als der PC, der ein gut Teil seines gesellschaftlichen Siegeszuges dem Attribut verdankt, dass er ein „persönlicher Computer“ sein will, ist das Handy inzwischen für Hunderte Millionen Menschen in der Tat zu einem digitalen „persönlichen Assistenten“ geworden. Der im ersten Schritt eben die sprachliche Tele-Kommunikation ortsunabhängig machen konnte, im nächsten Schritt mittels der textlichen Kurzmitteilungen (Seite an Seite mit Internet und E-Mail) zu einer erstaunlichen elektronischen Renaissance des „Briefverkehrs“ beitrug. Und nunmehr daran ist, in seine nächste Rolle als mobiler „Personal Information Assistant“ nach und nach hineinzuwachsen.

HANDLICH, NÜTZLICH – IMMER DABEI. ABER BITTE: KEEP IT AS SIMPLE AS POSSIBLE

Dass dieser nächste Gestaltwandel des Handys zum intelligent-vernetzten Begleiter unseres Alltags in der Tat nicht von heute auf morgen bewerkstelligt werden kann, liegt auf der Hand: Den initialen Vorzügen „handlich, nützlich, immer dabei“ stehen in fast symmetrischer Weise einige krasse Limitationen des Handys gegenüber. Die physische Begrenztheit der Display-Größe, die karge Speicherkapazität und der reduzierte Eingabekomfort – all dies gilt es zu überwinden, damit die Einmaligkeit der Kombination aus „Hautnähe“ und weitreichender Vernetzung produktiv zum Tragen kommt. Ein unleugbares Faktum, dem die

Mobilfunk-Branche bereits ihren bitteren Tribut hat zollen müssen – und zwar während der Startphase der WAP-Technologie um die Millenniumswende. Nach einem naiv-begeisterten Launch wollte sich der von vielen erwartete Höhenflug von WAP nicht recht einstellen.

Das Lehrgeld war dennoch gut angelegt, ließ diese frühe Anfangszeit der WAP-Dienste die Mobilfunk-Branche doch sehr deutlich erkennen, mit welchen Benutzer-Präferenzen jede Form von mobil-vernetzten Informationsangeboten zu rechnen hat: Anders als in der Internet-PC-Umgebung wollen Handy-User in mobilen Angeboten nicht lange herumsurfen und herumsuchen. Informationen müssen vielmehr einfach und schnell zugänglich und abrufbar sein. Denn: Das Technologie-Know-how des durchschnittlichen Handy-Benutzers ist zum einen nachweislich geringer als jenes von Internet-Freaks, zum anderen nervt selbst den „Professional" die Herumhangelei in Menüs hin zu x-fachen Untermenüs und wieder retour auf die Startseite am kleinen Bildschirm des Mobiltelefons – stärker jedenfalls als am PC. Letzteres umso mehr, als nahezu alle anderen, täglich verwendeten Funktionen des Handys mit ein oder zwei Tastenkombinationen abrufbar sind. Die simple Übertragung von Website-Strukturen des Internet, welche kennzeichnend für die Anfangszeit von vielen WAP-Anbietern war, funktioniert in der Handy-User-Kultur einfach nicht. Bookmark-Sammlungen verschiedener Themen anzulegen und darin unterwegs zu wühlen, in die umfangreich mit News bestückten WAP-Site des Handy-Providers zu recherchieren, um die aktuellsten Sparpläne des Finanzministers zu lesen – kurz: all das, was im Internet durchaus breit gestreuten Anklang gefunden hatte, floppte am Handy gnadenlos. Und nicht vor allem deshalb, wie manche Beobachter ätzten, weil die initiale GSM-Phase der WAP-Technologie die Informationen noch dazu im Schneckentempo auf das Mobiltelefon übertrug.

Nein: Am Handy will der Benutzer eine möglichst einfache und intuitiv bedienbare „Umgebung" haben, das wissen wir heute definitiv. Um diese auch komfortabel zu bekommen, akzeptiert er sogar Konstellationen, die ihm am Internet-PC oft gar nicht so recht sind. Ein gutes Beispiel dafür sind die sogenannten „Push"-Dienste, welche via Internet in regelmäßigen Abständen ihr Informationsangebot mehr oder minder frei Haus liefern. Und sich als Gegensatz zum am Netz üblichen „Pull-Prinzip" positionieren, bei dem der User sich alle Informationen jeweils höchstpersönlich und vor Ort – also auf der jeweiligen Website – abholen muss. Eine auf das erste Hinsehen brillante Idee: Mit den „Push-Services" wollte man nicht nur dem überlasteten Benutzer die Sucharbeit abnehmen, sondern sich sogar als eine neue Art von „Internet-Broadcaster" profilieren, mit der Phantasie, von den Abonnenten für diese nützlichen Dienste im nächsten Schritt sogar Geld abverlangen zu können.

Nun: „Push" wurde in der Internet-Szene bislang kein Hit – der Benutzer gestaltet sich seinen Informationskonsum lieber spontan und selber. Ein Phänomen, das in seiner Tendenz auch durch rare Ausnahmen erfolgreicher „Push-Services" aktuell am Internet fortwirkt. Denn einige wenige „Push-Dienste", welche einen Informationsvorsprung nicht nur versprechen, sondern auch halten konnten, fanden durchaus Anklang, werden sogar gegen gutes Geld geordert. Dazu zählen hochaktuelle und nach einem präzisen und kundenspezifischen Profil ausgewählte und zugesandte Artikel und Kolumnen des „Wall Street Journal" genauso wie brandheiße Finanz- und Börsen-Informationen. Der gemeinsame Nenner: „Push" funktioniert als Business-Idee nur dann, wenn damit dem wissbegierigen Kunden spezielle und werthaltige Daten und Informationen zur rechten Zeit am rechten Ort „komfortabel zugestellt" werden. Und den Klienten nicht mit sinnlos breit gestreutem News-Müll die E-Mail-Box in Permanenz verstopft wird, wie manche „Push-Dienste" in den vergangenen Jahren es sich zur schlechten Praxis gemacht hatten. Endgültig zur lästigen Zwangsbeglückung gerieten manche dieser Info-Services, wenn man sie dann – was sehr häufig vorkam – nur unter großen Komplikationen wieder wirksam abbestellen konnte.

DIE RICHTIGE INFORMATION ZUR RICHTIGEN ZEIT AM RICHTIGEN ORT: PERSONALISIERUNG UND LOKALISIERUNG

Warum wir auf dieses Floppen des an sich genialen „Push-Prinzips" im PC-zentrierten Internet so genau eingegangen sind? Weil wir zutiefst davon überzeugt sind, dass intelligent angebotene Handy-„Push-Dienste" ganz wesentliche Elemente zur populären Akzeptanz der „Dritten Welle" beitragen werden – zumindest dann, wenn der Mobil-Sektor die Lehren aus den markantesten Irrtümern der Internet-Anbieter zieht. Und dabei zeigt sich, dass vor allem das Missverstehen eines zentralen Begriffes entscheidend war, auf den wir in diversen Zusammenhängen (Geräte-Design / Funktionalität / Benutzbarkeit / Menüführung ...) bereits wiederholt gestoßen sind: nämlich jener der „Personalisierung".

Rein vom informationstechnologischen Standpunkt aus gesehen, kann die „Personalisierung" sehr einfach erfolgen. Zum einen kann der Benutzer seinem Anbieter seine thematischen Vorlieben an Informationen oder Diensten detailliert bekannt geben: Ich will die Börsen-Kurse der Firmen X, Y und Z im Stundenrhythmus bekommen. Selektiere mir morgens immer die aktuellen Technologie-Meldungen. Benachrichtige mich von den Spiel-Terminen und -Ergebnissen der Fußball-Bundesliga. Persönliche Profile dieser Art kann der User selber und freiwillig entweder direkt am Handy oder fallweise bequemer: via Internet-Portal des Mobilfunk-Anbieters oder Service-Providers erstellen. Zum anderen verfügt gerade der Netz-Betreiber mit der Zeit über eine Fülle von aufschlussreichen Informationen über das Bewegungs-, Kommunikations- und Kauf-Verhalten. Und hat damit eine „unfreiwillige" Form der Einsicht in die Bedürfnisse des Kunden, die durch Methoden der Datenbankanalyse wie „Data Mining" noch verfeinert und verdichtet werden können. Diese quasi als „Abfallprodukt" jeder Kundenbeziehung verfügbaren Daten bedeuten für jeden Anbieter eine enorme Verantwortung: Er hat mit den ihm zur Verfügung stehenden Informationen sorgsam umzugehen sowie die Privatsphäre des Kunden respektvoll – extern wie intern – zu hüten.

Andererseits können Teile dieser aufschlussreichen Datenspuren (so der Kunde dies dezidiert will!) hervorragend verwendet werden, die ganz persönlichen Informationsbedürfnisse des Users exakt zu adressieren. Eines der wichtigsten dieser Potenziale ist die Lokalisierung: Der Netz-Provider ist in der Lage, aufgrund der örtlichen Funkzelle, die gerade eben den Handy-Verkehr abwickelt, in einem Umkreis von 50 bis 300 Metern präzise festzustellen, wo sich der Benutzer physisch aufhält. Ein Faktum, das bei kluger und korrekter Handhabung durch den Netzbetreiber zu einem enormen persönlichen Vorteil des Users ausgestaltet werden kann.

WARUM WENIGER INFORMATION BESSER SEIN KANN

Dieses technologisch relativ einzigartige „Feature" der Lokalisierung kann in Kombination mit einem vom Benutzer erstellten Bedürfnisprofil sowohl der Situation adäquate Informationen punktgenau anbieten – als auch die Versorgung mit völlig unpassendem Wissen vermeiden helfen. Das per SMS zugestellte Fußball-Resultat des Spieles der Bayern gegen Manchester United interessiert keinen Handy-User, der dieses Spiel gerade eben im Hexenkessel des Münchner Stadions miterlebt. Hingegen durchaus das Ergebnis der parallel ausgetragenen anderen Semifinal-Paarung für die Endrunde der Champions League. Und einen Kunden mit hochaktuellen Business-News zwanghaft zu bombardieren, wenn das System gleichzeitig „sieht", dass dieser eine gemütliche Gondelfahrt durch die Kanäle von Venedig absolviert, kann durch Lokalisierung ebenfalls vermieden werden. Es sei denn, dass dieser in seinem Profil explizit angeordnet hat, ihm diese Informationen ungeachtet seines Aufenthaltsortes sofort zur Verfügung zu stellen. In der Regel passender wird jedoch sein, dem Venedig-Touristen eine digitale Karte der Sehenswürdigkeiten anzubieten und – wenn erwünscht – auf sein Handy zu transferieren.

Der Grund, warum wir im Kontext der „Lokalisierung" die Vermeidung unnötiger Informationen so stark betonen? Nahezu alle Untersuchungen der Informationswünsche früher Anwender der Datenkommunikation der aufkommenden „Dritten Welle" zeigen zwei Ergebnisse nahezu unisono: Der Benutzer reagiert extrem sauer und empfindet es als Belästigung, wenn er mit Informationen behelligt wird, die „out of target" sind: wenn sie ihn entweder zur falschen Zeit oder am falschen Ort erreichen – oder ihn überhaupt nicht interessieren. Wir können uns daher gut vorstellen, dass eine vom Konsumenten sehr gewünschte Form der Lokalisierung und Personalisierung in einer reiferen Phase der „Dritten Welle" schlicht darin bestehen könnte, dass die von ihm in seinem Bedürfnisprofil geäußerten Informations-/Service-Anforderungen sich automatisch auf seinen Aufenthaltsort und die aktuelle Tageszeit einstellen. Der Vorteil liegt auf der Hand und in der Natur der Mobilität: Je mehr wir uns bewegen, desto unterschiedlicher ist auch der jeweils aktuelle Kontext der Wissens- und Kommunikationsbedürfnisse. Und last, but not least: Diesen permanenten Wechsel zudem noch andauernd zwischendurch in seinen „persönlichen mobilen Assistenten" umständlich eintippen zu müssen macht weder Freude noch Sinn.

WENN WIR DOCH PRÄZISER WÜSSTEN, WAS WIR DENN EIGENTLICH WISSEN WOLLEN ...

Und die zweite Erkenntnis: Der Benutzer weiß sehr oft selber nicht präzise genug, was er eigentlich will. Oder aber: Seine Wünsche wechseln je nach beruflicher oder privater Umgebung, nach Tageszeit oder noch simpler: je nach Wettersituation. Und: Viele Informationen bestellt man sich erst gar nicht via Profil, weil man ihren Wert überhaupt nicht kennt und schätzt – bevor man nicht durch Dritte erstmals damit konfrontiert wird. Das erfolgreiche „Wall Street Journal Online", so berichtet die bereits mehrfach erwähnte Andersen-Studie, hat sich auf diesen Sachverhalt bereits geschickt eingestellt: Die eine Hälfte der „gepushten Contents" wird aus dem persönlichen Wunsch-Profil des Abonnenten generiert, die andere Hälfte besteht aus Bei-

EINKAUFEN MIT DEM HANDY

INTERESSE AN KAUFMÖGLICHKEITEN

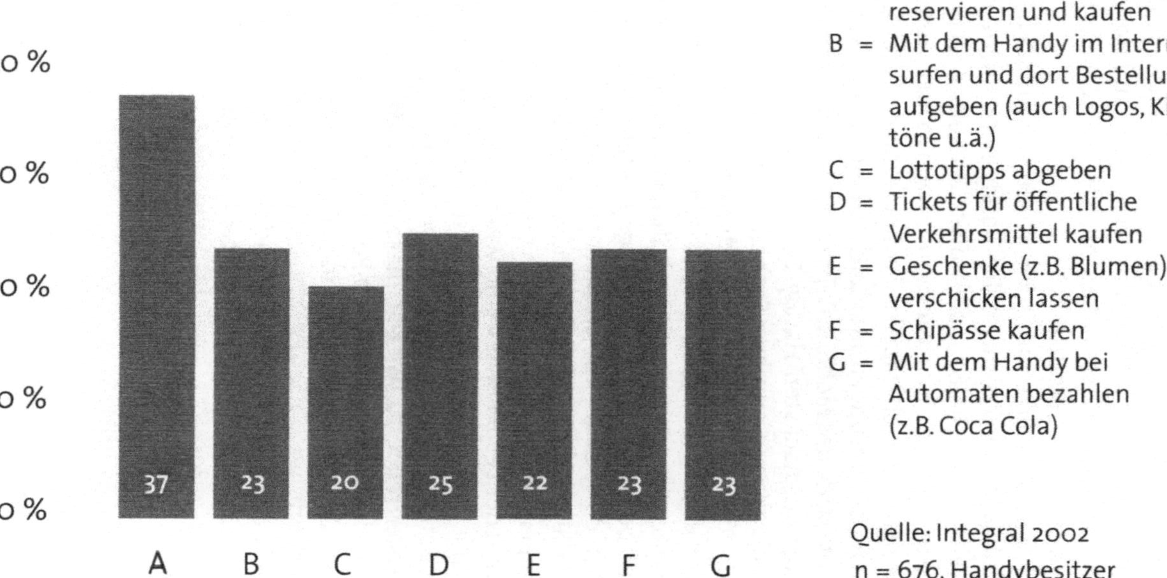

A = Karten für Veranstaltungen reservieren und kaufen
B = Mit dem Handy im Internet surfen und dort Bestellungen aufgeben (auch Logos, Klingeltöne u.ä.)
C = Lottotipps abgeben
D = Tickets für öffentliche Verkehrsmittel kaufen
E = Geschenke (z.B. Blumen) verschicken lassen
F = Schipässe kaufen
G = Mit dem Handy bei Automaten bezahlen (z.B. Coca Cola)

Quelle: Integral 2002
n = 676, Handybesitzer

trägen, welche von den kundigen Redakteuren als unbedingt lesenswert erachtet werden. Die Betonung der kundigen Auswahl ist bewusst gesetzt: Bestand doch ein wesentlicher Irrtum vieler „Push-Dienste" darin, dass zum vom Kunden gewählten Thema statt „Klasse" eben nur „Masse" geliefert wurde – bis zum finalen Überdruss.

Gerade die Erkenntnis der so sehr variierenden Informations- und Service-Bedürfnisse der Handy-Konsumenten der „Dritten Welle" – will heißen: dass diese oft selber nicht recht antizipieren können was, wann und von wo aus prompt abgerufen werden soll – charakterisiert hervorragend die Spannweite der Herausforderungen und auch Chancen der nächsten Entwicklungsstufe der Mobilfunk-Branche. Um viele der skizzierten Vorzüge der nächsten Handy-Generationen, die tatsächlich einen qualitativen Sprung in Sachen Information, Unterhaltung und Services bringen können, auch fruchtbar werden zu lassen, bedarf es einer fortgesetzten kooperativen Anstrengung der gesamten Handy-Industrie mit ihren initiativen Anwendern. Und auf beiden Seiten einer ausgeprägten Lust zum Experiment. Dass diese in der jüngeren Vergangenheit vorhanden war, dafür ist die rundum gelungene und radikale Erkundung der mannigfachen Einsatzmöglichkeiten von SMS durch Millionen Benutzer wohl der beste Beweis. Und wenn sich diese Tendenz fortsetzen sollte, dass nämlich allein schon die hautnahe Präsenz des Handys ausreicht, bei den Usern sowohl den Willen als auch die Entdeckerfreude zu wecken, dieses faszinierende persönliche Tool auch in seinen versteckten Potenzialen kreativ zu erkunden?

Ja dann macht es am Ende vielleicht gar keinen Unterschied, dass wir heute noch nicht recht wissen, zu welchem Wissen, zu welchen Services, zu welchen Vergnügungen uns dieser kleine, manchmal sperrige, mobil-intelligente Assistent einst noch verhelfen wird.

Kommen wir bewusst noch einmal darauf zurück: Das Handy hat man in (fast) jeder Lebenssituation dabei. Es hat sich in kürzester Zeit einen ebenso seltenen wie werthaltigen Status erworben – dass es nämlich zum noch nicht so ganz unaufdringlichen, jedenfalls aber unabdinglichen Alltagsbegleiter zu werden vermochte. Allenfalls für Schlüssel aller Art, Geldbörse samt Bankomat- und Kreditkarten, Ausweisdokumente, bei Businessleuten meist noch Terminkalender oder Palm Organizer, kann man Ähnliches feststellen. In dieser Tatsache allein schon begründet sich eine gewichtige medienhistorische Gewissheit: Kein aktives Kommunikationsmittel – mit Ausnahme der menschlichen Stimme – hat bislang diese hautnah begleitende Präsenz erlangen können. Und kein technisches Medium hat sich dermaßen schnell zur „populären Notwendigkeit" beziehungsweise zum unverzichtbaren Bedürfnis von großen Mehrheiten der Bevölkerung entwickelt. Mehr noch: In dieser Eigenschaft gelang dem Handy bei der breiten Masse, was vorher nur dem Sony Walkman (allerdings dort sehr alters-/schichtspezifisch) geglückt war: nämlich die durch Beruf, Schule und andere Alltagspflichten limitierte tägliche Konsumzeit für technische Medienkommunikation aufzubrechen und zu erweitern.

Eben weil man das Handy ständig dabei hat, kann damit auch in den „Lücken des Alltags", beim Warten auf den nächsten Termin, in der Straßenbahn, in den Arbeitspausen, spontan kommuniziert werden. Die Jugendlichen entdeckten zudem sehr schnell, dass man ja zwischendurch das Handy abseits der Sprach- oder SMS-Kommunikation etwa auch als Gameboy-Ersatz oder Musik-Medium nutzen kann – und konsumieren diverse Spiele und – wenn das Handy neuerdings sogar einen MP3-Player integriert hat – ihre Lieblingssongs, wann immer sich eine „Zeitlücke" auftut. Und die Jugendlichen waren auch die erste breitere Käuferschicht, welche dem Handy mehr als die bloße Telefonie abverlangte: Welche Eltern erinnern sich nicht plastisch an die leidenschaftlichen Präferenzen ihrer Kids für ein ganz bestimmtes finnisches Handy-Modell. Aus einem einzigen ersichtlichen Grund: weil man darauf in den langweiligen Momenten des noch so jungen Lebens eben „Snake" spielen konnte.

Nun könnte man glauben, dass solche bisweilen irrational anmutenden „Verfremdungen" der Zwecke des Mobiltelefons, diese Erweiterung und Anreicherung seiner Funktionalität in völlig „artfremde" Gebiete hinein, uns vom funktionalen Wesen des Handys wegführt. Das genaue Gegenteil ist der Fall: Die Kids hatten (nebst einigen wenigen „Knowledge Workern" und viel reisenden Managern) nur eben als erste intuitiv begriffen, dass wir mit dem Handy ein digitales Gerät am Leib tragen, dem eine multifunktionale Zukunft quasi in dessen „Gene" eingeschrieben ist.

VERGESSEN SIE RUHIG AUSWEIS, SCHLÜSSEL, KREDITKARTE, GELD – ABER JA NICHT IHR HANDY!

Denn: In Wahrheit ist dem Handy ein variantenreich entwickelbares „techno-genetisches" Erbgut in die Wiege gelegt, das sich mit dem Einsetzen der „Dritten Welle" nun nach und nach zu entwickeln und entfalten beginnt. Nehmen wir nur die zuvor aufgezählten Gegenstände, die wir ständig und prominent mit uns tragen, weil sie uns schlicht unverzichtbar erscheinen: Schlüssel, Geldbörse, Kreditkarten, Personalausweis, Terminkalender. Im Einzelfall können sich in dieser elitären Kategorie eventuell noch einige Kosmetika, die Brille – sowie Zigaretten und Feuerzeug mit einer ähnlichen Präsenz behaupten. Nun, Letztere wird das Handy wohl niemals verdrängen können und auch gar nicht wollen. Erstere hingegen könnten einzeln oder sogar insgesamt bereits in sehr naher Zukunft durch gleichwertige Funktionen des Mobiltelefons ersetzt werden.

Als Ausweis, Schlüssel und persönliche Fernbedienung kann es bereits heute mit einigen wenigen Zusätzen und Modifikationen zur Verwendung kommen: Es ist eindeutig zuordenbar, weil jedes aktive Handy seit der Einführung des GSM-Standards über eine eindeutige Identität verfügt, der so genannten „International Mobile Equipment Identity" (IMEI). Weil es überdies auf eine Person oder Firma angemeldet ist, verfügt der Netzbetreiber über eine Reihe von konkreten Daten, welche die User-Identität beschreiben. Er kann sogar – wenn er will – den genauen Ort der aktuellen Transaktion feststellen. Und gegen die missbräuchliche Verwendung gestohlener Handys kann man sich (analog dem Telebanking-Usus) durch die Verwendung von nur dem Benutzer bekannten Codes hervorragend schützen. Allein mit der Kombination dieser Eigenschaften könnte das heutige Mobiltelefon bereits zur obersten Liga der „Trusted Tools", der vertrauenswürdigen Werkzeuge, gezählt werden. Die Betonung liegt hier auf: Kombination. Denn selbst wenn die Handy-Hardware-Identität IMEI gehackt und verändert wird, was prinzipiell möglich ist, würde beim ersten Versuch, sich via Handy als ein anderer auszuweisen, dem Sicherheitssystem des Providers sofort auffallen, dass nicht alle nötigen Parameter der Identifizierung richtig zusammenpassen.

DAS MOBILE IST DAS SICHERE: KANN DAS ZAHLEN VIA HANDY AUCH DIE ZUKUNFT DES INTERNET VERÄNDERN?

Das gewichtigste Argument haben wir noch gar nicht erwähnt, nämlich jenes, das digitale Mobiltelefone auch zum probaten elektronischen Zahlungs-Medium qualifiziert: Mit dem GSM-Standard wurde ein in sich geschlossenes und hochsicher verschlüsseltes Kommunikationssystem etabliert, das immun gegen Abhören und Scannen durch übel meinende Dritte ist. Ein Maß an faktischer Sicherheit, das auch bei den Nachfolge-Technologien wie etwa UMTS tunlichst weiterhin als Standard dezidiert festgeschrieben wurde. Und zudem ein Maß an Sicherheit, welches vom Internet, das per definitionem als offenes System etabliert wurde, selbst unter den besten denkbaren Begleitmaßnahmen nicht garantiert werden kann. Aus all diesen Gründen liegt es auf der Hand, dass uns die eine oder andere Form der Zahlungsfunktion spätestens mit den mobilen Geräten der „Dritten Welle" in ausgereifter Weise zur Verfügung stehen wird. Entweder als Quickcash, somit anonymes Geld, das per Handy ausgegeben werden kann, oder auch als digitale Form der Kreditkarte. Noch einen Vorteil bringt das neuartige Handy-Geldbörserl mit: Die Provider sind mit ihren Verrechnungssystemen spätestens seit SMS und den Datentransfer-Paketen von GPRS darauf eingestellt, nicht nur Sprech-Zeitscheiben zu zählen, sondern auch viele andere kleine Summen zu registrieren und zu fakturieren.

Auch in diesem Punkt werden sich die Mobilnetze mit Sicherheit als veritable Alternative zum Internet profilieren können: Seit einem Jahrzehnt schon scheitert das Geschäftsmodell mancher Dienste im „World Wide Web" an der Tatsache, dass bis heute keine Lösung für „Micropayment" gefunden werden konnte, bei der Verrechnungsaufwand, Sicherheit und erlöster Ertrag in irgendeinem befriedigenden Verhältnis stehen. Kurz und wahr: Dem Mobilsektor ist es (aus der Natur der Technologie wie auch der Business-Praxis) ein vergleichsweise Leichtes, eine solche Micropayment-Lösung zu etablieren. Womit wir wieder bei der bereits mehrfach skizzierten und künftig viel versprechenden Synergie zwischen Internet und „Mobile Net" wären: Im „unsicheren" Internet etwas bestellen und daraufhin das Medium kurzerhand wechseln, um diese Order im „sicheren" Mobilnetz der „Dritten Welle" zu bezahlen – eine ebenso logische wie zukunftsträchtige Kombination. Und ein weiteres seltsames Paradoxon: Haben wir uns doch entwicklungsgeschichtlich das Empfinden angeeignet, das Ortsfeste sei das nun mal das Sichere. Und nun geraten wir unversehens in eine Konstellation, in welcher das ungehemmt Mobile (Handy) das Sichere ist, hingegen das relativ Ortsfeste (Internet) weiterhin eine Zone der Unsicherheit bleibt ...

TIEFGARAGEN, AUTOBAHNPOLIZEI UND ARLBERG: WENN IHRE HANDYRECHNUNG ZUM KONTO-AUSZUG WIRD

Das aktuelle Feld der Erkundungen, wie und wo man überall das Mobiltelefon zum Bezahlen einsetzen könnte, ist dementsprechend groß: Parkscheine für Tiefgaragen oder Kurzparkzonen sind dabei genauso ein Thema wie das „Beamen" von Quickcash an die dafür geeignete Supermarkt-Kasse. Das unkomplizierte Bezahlen von Verkehrsstrafen vor Ort, wenn man von der Autobahnpolizei wegen überhöhter Geschwindigkeit abgemahnt wird, genauso wie etwa das bequeme Abbuchen der Liftfahrten, wobei das Handy an der Kasse via Bluetooth kurz und selbständig eine Funkverbindung aufbaut. Ein Feature, das einen kleinen, aber ganz neuartigen Komfort im Winterurlaub verspricht – weil eben das umständliche Herausnesteln der Liftkarte, was mit dicken Handschuhen und klammen Fingern wahrlich kein Vergnügen ist, kurzerhand entfällt. Und ein weiterer Vorteil erwächst dem Handy-Zahler – so die Phantasie der Entwickler – spätestens bei der finalen Verrechnung: Die Beträge finden sich fein säuberlich aufgelistet als spezieller Abschnitt auf der nächsten Telefonrechnung. Darüber hinaus können die entstandenen Kosten in digitaler Form (mobil oder per Internet) tagesaktuell abgerufen werden – worauf einer Weiterverarbeitung in einem simplen Spreadsheet oder avancierteren persönlichen Finanzprogrammen nichts im Wege steht. Private und berufliche Kosten können leicht getrennt werden, präzise Reiseabrechnungen mit ein paar Mausklicks perfekt generiert werden – selbst tief schürfenden digitalen Analysen etwa eines notorisch überzogenen Lebensstils steht nichts mehr im Weg ...

Wie dem auch sei: All das ist derzeit technisch bereits möglich und erfordert keineswegs die gesteigerte Übertragungskapazität der nächsten Mobil-Generation. Der eigentliche Grund, warum attraktive Zusatz-Funktionen dieser Art noch nicht allseits verfügbar sind, findet sich darin, dass im Vorfeld erst eine ganze Reihe von Mitspielern unterschiedlichster Interessenslagen und „Business-Kulturen" zu fruchtbaren Kooperationen zusammenfinden muss: Banken und Kreditkarten-Organisationen, Netz-Provider und nicht zuletzt all die vielfältigen Dienstleister, private Handelsfirmen genauso wie öffentliche Institutionen, welche diesen Bezahl-Komfort für ihre Handy-Klientel vor Ort ermöglichen wollen. Darüber hinaus müssten in manchen europäischen Ländern zudem noch die legistischen Rahmenbedingungen nachjustiert werden: Die heute gültige Bankengesetzgebung einiger EU-Mitgliedstaaten verbietet dezidiert, dass Mobilfunkbetreiber ihre Fakturierung für kooperierende Dritte (zur Abwicklung dieser Geldgeschäfte) zur Verfügung stellen. Oder stellt ihnen (so zumindest in Österreich) eben frei, eine ganz offizielle Bankkonzession zu erwerben. Eine Alternative, bei der dem Netz-Betreiber als Entree das Sümmchen von 5 Millionen Euro abverlangt wird. Und dennoch: Das international vorbildhafte Beispiel von NTT DoCoMo beruht substantiell – wie wir bereits analysiert haben – gerade auf diesem Provider-Service eines perfekt funktionierenden „Billing“ für Dritte. Und schafft solcherart ein Business mit Umsätzen, die sich auf einen jährlich zweistelligen Euro-Milliarden-Betrag belaufen.

Sieht man all diese ineinander greifenden Wirkungskreise, dann überrascht uns nicht mehr, dass sich Prozesse dieser systembildenden Art über einige Jahre hinziehen können. Zur Erinnerung: Selbst die seit Mitte der 90er mit einfacher, aber intelligenter Chip-Technologie angereicherte Bankomatkarte benötigte ein halbes Jahrzehnt bis zu ihrer heute breitflächigen und allseits akzeptierten Nutzung.

MOBILTELEFONE ALS MULTIFUNKTIONALE WERKZEUGE DER NEUEN ART: EINIGE MIKRO-SZENARIEN

Wie erstaunlich vielseitig die Nutzung der Handys der nächsten Generationen sein kann – und zweifellos auch wird –, das kann erst in Konturen erahnt werden. Konturen, die sich aus zwei Gesichtspunkten ergeben: zum einen aus der Betrachtung der technologischen Möglichkeiten, die in diesem Kommunikationswerkzeug inhärent angelegt sind – oder zumindest ohne viel Mühe als nützlicher Zusatz integriert werden können; zum anderen aus einer Ermessung der Bedürfnisse und Nöte, die uns Menschen, die wir mit gesteigerter Flexibilität und Mobilität konfrontiert werden, eben gewollt oder ungewollt erwachsen. Gerade das Letztere muss in Anbetracht der Vielfalt der neuartigen technischen Möglichkeiten zum primären Leitsatz der „Dritten Welle" werden, den man etwa so formulieren könnte: „Nicht all das, was technologisch im Bereich des Möglichen liegt, soll den Menschen aufoktroyiert werden. Sondern: Was die Menschen unserer Zeit zur Vereinfachung, Erleichterung und Erweiterung ihres beruflichen wie privaten Lebens benötigen, soll technologisch unterstützt und ermöglicht werden."

An dieser Stelle möchten wir Sie – zur Veranschaulichung eben dieser skizzierten Haltung – noch einmal mit einer kurzen Folge von Mikro-Szenarien konfrontieren. Die im Übrigen nicht subjektive Phantasien der Autoren repräsentieren, sondern leicht adaptiert einem luziden Experten-Report der von der Europäischen Kommission initiierten strategischen Initiative „TEN Telecom" entnommen sind. Wir entführen Sie damit auf eine kleine Zeitreise, wobei einige Stationen uns erst gegen Ende des Jahrzehnts im Alltag geläufig begegnen werden, andere wiederum bereits in sehr naher Zukunft, in wenigen Monaten, erreicht sein könnten.

Also: Scheinwerfer an? Kamera bereit? Action!

Szenario 1 – „Seek your Friends“:
Peter sitzt entspannt in einem Wiener Café und möchte wissen, wo sich seine Freunde gerade herumtreiben. Mit seinem kleinen Mobil-Terminal loggt er sich bei einem Service namens „Seek your Friends“ (SYF) ein und bekommt nahezu sofort einen Überblick retourniert, wo jeder aus der Clique sich befindet – ohnedies ganz in der Nähe. Peter sendet daraufhin per Rundmail den Vorschlag, sich in einer Stunde beim Café zu treffen, um daraufhin gemeinsam zur Donauinsel zu fahren. Die meisten melden ihm, dass sie Lust dazu haben, nur Renate wendet ein, sie wisse nicht, wo genau dieses Café denn sei. Peter aktiviert die GPS-Funktion (Global Positioning System) an seinem Terminal, dieses transferiert Peters Aufenthaltsort, exakt eingezeichnet auf einer digitalen Stadtkarte, an Renate. Kurze Zeit später gibt es ein großes Hallo. Wie umständlich hat man sich früher – in den Jahren, bevor sich die Clique geschlossen zu SYF angemeldet hat – doch für eine spontane Aktion dieser Art zusammentelefonieren müssen ...

Szenario 2 – „Traveller Support“:
Jean und Madelaine kommen in Frankfurt gegen Mitternacht an. Das Tourismusbüro am Bahnhof hat bereits geschlossen, sein „Wireless Terminal“ ist jedoch die ganze Nacht über weiter aktiv. Und kommuniziert automatisch an Madelaines Bluetooth-Handy, dessen „Nationalität“ es erkannt hat, also auf Französisch, ob die beiden denn ein Zimmer für die Nacht benötigten? Madelaine müsse eben nur ihre Preislimits mitteilen. Sie tut das, drei passende Angebote befinden sich sogar im Umkreis von wenigen hundert Metern, die beiden Pariser wählen eines davon. Das touristische Terminal-System verbindet sie dann noch telefonisch mit dem Hotel-Manager – und nachdem man sich handelseins ist, können die ortsfremden Gäste beruhigt ins nächste Taxi steigen – wissend, dass der dringend benötigte Schlaf gesichert ist.

MOBILE DATEN, WELCHE IHRE KARRIERE ODER IHRE GESUNDHEIT RETTEN (KÖNNTEN)

Szenario 3 – „Corporate Information":
Die Finnin Kaarina ist eine gefragte Konsulentin für zukunftsträchtiges Telekom-Marketing und reist in dieser Eigenschaft ständig quer durch Europa. Nachdem sie alle wesentlichen Informationen über das Umfeld ihrer Klienten auch unterwegs up to date benötigt, hat sie einen News-Service abonniert, welcher ihr morgens und abends eine Kompilation relevanter Artikel für ihren genau definierten Themenbereich zusendet, die sie lesen kann, wann immer sie Zeit hat. Zum anderen hält ihr ultraschlankes Mini-Notebook, das via UMTS ständig aktiv oder passiv online ist, einen abgesicherten und permanenten Kontakt zum Intranet der Consulting-Firma, bei der Kaarina arbeitet. Die Finnin erfährt zwischen zwei Terminen durch das Posting eines ihrer Mitarbeiter, dass sich in der Szene Gerüchte zunehmend verdichten, der CEO, den sie am Nachmittag treffen soll, werde nicht mehr lange in dieser Position sein. Kaarina ruft ihren gut informierten Kollegen gleich an, bekommt von ihm noch einige aufschlussreiche Unterlagen – und geht nun ganz anders in das kommende Meeting.

Szenario 4 – „Health Service":
Mark ist ein Londoner Sozialhelfer, der sich vor allem um ältere Menschen kümmert und diese in regelmäßigen Abständen besucht. Heute ist es Mrs. Brown, die vor kurzem eine Operation an ihrem rechten Kniegelenk hatte. Mark hat ein speziell entwickeltes mobiles Terminal zur Verfügung, das ihm ermöglicht, so er die Erlaubnis seiner Klienten hat, deren intime Gesundheitsdaten und Krankengeschichten im Detail einzusehen, weiters die von den Ärzten empfohlene Medikation sowie die Empfehlungen des Hausarztes an seine Patientin. Aufgrund des langen Gespräches mit Mrs. Brown macht Mark noch vor Ort einige Notizen für den behandelnden Arzt, welche das mobil-vernetzte Device sofort an diesen weitergibt. Und nachdem die ältere Lady anschließend zur Körperpflege in die Stadt soll, ordert Mark gleich auch den Transport dahin. Eine halbe Stunde später, gerade als

Mark beim Verabschieden ist, stehen die prompten Helfer bereits vor der Tür. Und der Arzt, dessen Ordinationszeit gerade beendet ist, liest gerade die aktualisierten Informationen zu Mrs. Brown, die ihm vom zentralen Gesundheitsserver übermittelt wurden – und ist mit ihrem Genesungsfortgang hochzufrieden. Alles in Ordnung ... Moment, eines muss noch ergänzt werden: Alle Beteiligten sind sich der Sensibilität der Informationen und der daraus erwachsenen Verantwortung bewusst. Mark hat sich mit der Übernahme des Health-Terminals verpflichten müssen, weder Gerät noch Daten an unbefugte Dritte weiterzugeben, andernfalls würde er seinen Job riskieren und hätte zudem eine ruinöse Geldstrafe zu erwarten. Das Health-Device verwendet speziell verschlüsselte Datentransfermodi und ist nicht am freien Markt erhältlich. Und keine Information fließt in den zentralen Speicher ohne Zustimmung des betroffenen Patienten. Gesundheit ist eben das wertvollste Gut ...

MOBILES VERGNÜGEN FÜR FREAKS: MULTIGAMING AUF DER TRECKING-TOUR IN HINTERINDIEN

Und ein letztes, für Nicht-Game-Freaks leicht verrückt anmutendes Mini-Szenario Nr. 5 noch, nennen wir es „Mobile Multiplayer“:

Jason ist ein Spiele-Freak. Seine Spezialität ist „Dark Go“, ein Multiplayer-Game, bei dem er auf seiner Spiele-Konsole online gegen andere „Experten“ antritt. Eine mörderisch spaßige und anstrengende Herausforderung: Dark Go erfordert nicht nur strategische Denkfähigkeit und laterales Denken, sondern zudem auch noch blitzschnelle Reaktionen. Und Jason hat seit Wochen ein massives emotionales Problem: Eigentlich will er seit Jahren eine ausgedehnte Asienreise machen – und nun könnte er überraschenderweise durch das Offert eines Freundes den ganzen Sommer lang von Peking über Tibet bis Sri Lanka trecken – zu besten Konditionen. Jason ist dennoch deprimiert und entscheidungslos: Acht lange Wochen ohne Dark Go! Wie soll er das wohl überstehen? Erst als er herausfindet, dass sein Provider ein hervorragendes Roaming-Abkommen mit den Zielregionen seiner Reise hat, er somit seiner Dark-Go-Leidenschaft auch in Hinterindien frönen kann, sagt er seinem Freund die Mitreise spontan zu. Ein bisschen teurer als zu Hause wird ihm seine Passion halt kommen – aber was ist das schon, verglichen mit den „spielerischen Entzugserscheinungen" ...

Schnitt. Ende der erneuten Traumreise. Allesamt sind es hochseriöse Mikro-Szenarien, welche der erwähnte EU-Strategiebericht der TEN Telecom kompiliert hat – aus Experten-Interviews, Entwicklungsprojekten der Hardware-Hersteller, diversen Konferenzbeiträgen und Hochrechnungen von Technologie-Insidern. Allesamt zeigen diese Szenarien auch sehr deutlich, in welch vielseitiger, fast „universal" zu nennender Weise dieses multifunktionale „Schweizermesser", das uns mit den „Next Generation Mobile Devices" versprochen wird, zum Einsatz kommen kann. Und die Metapher „Schweizermesser" (oder wenn Sie wollen: „Leatherman") trifft denn auch die Natur dieses Werkzeuges sehr gut: Man hat nicht nur ein „Messer" dabei, sondern gleich ein ganzes Toolset – kompakt und digital-vernetzt.

Zugegeben: Die Säge am Original-Leatherman schneidet etwas schlechter als die diamantgehärtete Spezialsäge aus der Heimwerkstatt. Aber man hat sie dafür unterwegs zur Hand.

DIE METAPHER „UNIVERSALTOOL" ALS OPTIMISTISCHES VERSPRECHEN, DAS ES ERST NOCH EINZULÖSEN GILT

Zugleich wird schon anhand der skizzierten Szenarien ganz klar sichtbar, dass der bildhafte Vergleich mit einem „Schweizermesser" zumindest in einem Punkt noch sehr hinkt: Beim Handy der nahen Zukunft müssen wie beim multifunktionalen Messer alle verfügbaren Anwendungsfunktionen möglichst homogen und integriert „in die Hand zu liegen kommen". Andernfalls bleibt man – wie jeder Handwerker weiß – lieber bei den bewährten Einzel-Werkzeugen. Und um diese Integration für Benutzer unterschiedlichster „Qualifikation" befriedigend zu gestalten, ist das Zusammenwirken sehr verschiedener Mitspieler absolut notwendig: Die Hardware- und Software-Hersteller der Mobilfunk-Branche müssen sich sehr bald auf gemeinsame Konventionen einigen, welche den diversen Systemansätzen übergeordnet sind. Und auf diese Weise dem Endkonsumenten erlauben, seine persönlichen Daten in die jeweils konkrete „Umgebung" unkompliziert mitzunehmen. Erste Ansätze dazu existieren bereits und zeigen, dass befriedigende Lösungen bei etwas gutem Willen möglich sind: Der randvolle Terminkalender von viel beschäftigten Businessleuten kann inzwischen (und theoretisch: reibungsfrei) zwischen Büro-PC, dem individuellen Palm- oder iPaq-Handheld, ja sogar einem virtuellen Internet-Scheduler einerseits und der intelligenteren Sorte von Handys andererseits transferiert und aktualisiert werden. Ein Komfort, dem heute noch einige Mühe vorausgeht: Die korrekte Konfiguration der jeweiligen Hard- und Software-Schnittstellen allerdings, die Voraussetzung für das spätere nahezu automatische Abgleichen der ständig sich verändernden Daten ist, gerät allzu oft und unerwartet zur Übung der etwas schwierigen Art.

Die nächsten Schritte auf dem Weg in die vernetzte Zukunft nicht zu einem nervtötenden Hindernislauf durch Techno-Troubles werden zu lassen, das ist eine Herausforderung nicht nur für die „Usability Labs" der Hersteller. Auch die Provider von Netz-Services und Contents werden sich Konkretes einfallen lassen müssen, wie sie ihren Kunden das digital-mobile Leben erleichtern können: Zum einen etwa, indem sie ihnen komplette „Packages" aus Hard- und Software für spezifische, bereits von den Kunden stärker nachgefragte Anwendungsbereiche perfekt vorkonfiguriert und zu attraktiven Konditionen anbieten. Zum anderen zeichnet sich besonders für die Netzbetreiber eine grundsätzliche Haltungsänderung deutlich ab: Hatten sie bislang vor allem die Ausbreitung der mobilen Geräte durch finanzielle Zuschüsse und Marketing-Kooperationen unterstützt, so sollten sie nunmehr stärker im „Vorfeld" aktiv werden. Konkret: die Entwicklung kundenfreundlicher Geräte und Services sowohl durch finanzielle Ressourcen wie durch ihr vorhandenes Markt-Know-how aktiv mitgestalten. Und gerade dieses lebendige Wissen über die sich drastisch verändernden Marktmuster wird wahrscheinlich zum entscheidenden Faktor werden, wie und mit welcher Entwicklungsgeschwindigkeit attraktive und angenehm benutzbare „Mobile Devices" in den kommenden Jahren verfügbar sein werden.

UMSATZENTWICKLUNG

ERWARTETE UMSÄTZE MIT MOBILFUNKDIENSTEN IN WESTEUROPA

ANGABEN IN PROZENT

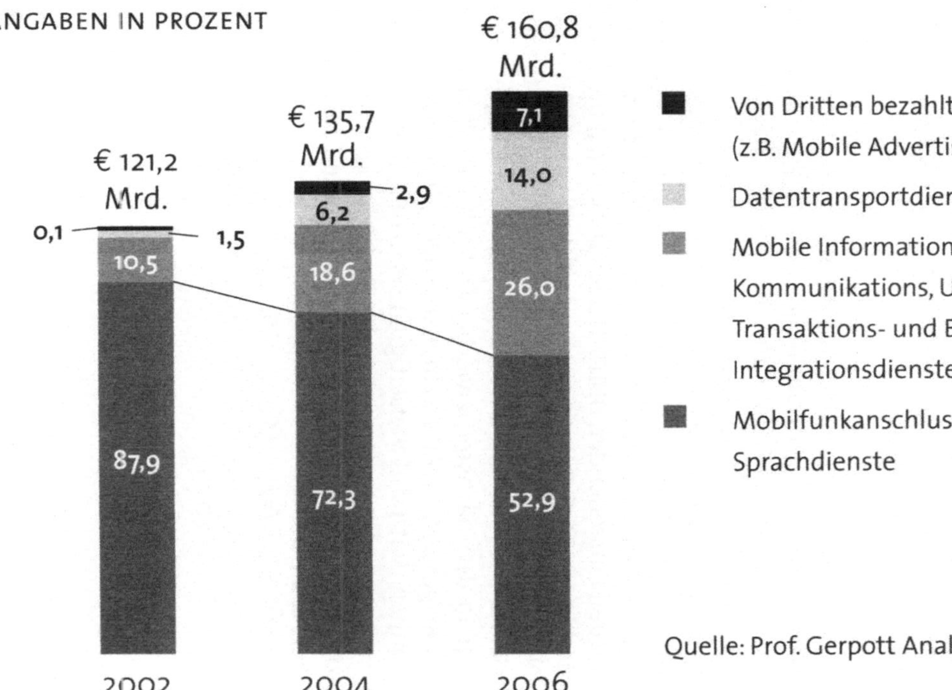

GUT DING BRAUCHT MANCHMAL SEINE ZEIT

Wir haben im Laufe unserer Argumentation diesen kritischen Zeitfaktor ja bereits als „komplexe Gleichung mit mehreren Unbekannten" erkannt, als eine Gleichung, deren Auflösung eine kluge und dynamische Kooperation der wirkenden Marktkräfte erfordert. Dieser Prozess wiederum verlangt etwas mehr Zeit und Geduld (und nicht zu vergessen: guten Willen), als man im ersten Taumel der Begeisterung über „all die neuen Möglichkeiten" angenommen hat.

Mit hoher Wahrscheinlichkeit werden daher die ersten fünf Jahre dieses Jahrzehnts wohl zur intensiven Vorbereitung der aufkommenden „Dritten Welle" verwendet werden. Zu einer Startphase, in der Geräte und Dienste der nächsten Generation entwickelt, erprobt und auf ihre Akzeptanz in den diversen Segmenten der Handy-User noch einmal ausgetestet werden. Faktum ist: Heute verfügen wir noch über kein einziges Gerät, das auch nur annähernd all das zu nutzen imstande ist, was von den aktuell entstehenden UMTS-Netzen funktional unterstützt werden kann. Zugleich steigt aber mit dem zurzeit stattfindenden Netzausbau der Druck, dass auch zur rechten Zeit faszinierende Geräte wie nützliche Services „in place" sind. Das bedeutet, dass wir in den nächsten zwei bis drei Jahren mit der Marktreife einer ganzen Palette sehr neuartiger Daten-Handys rechnen können. Mit total vielseitig einsetzbaren „mobilen Schweizermessern" genauso wie mit der Verfügbarkeit von extrem spezialisierten Devices, die durch ihre gezielte Reduktion nur sehr begrenzte Bedürfnis-Kombinationen abdecken – diesen Auftrag jedoch in perfekter Manier erfüllen.

MARKTENTWICKLUNG ALS „COOPETITION": BELEBENDE KONKURRENZ VERBINDET SICH MIT KOOPERATION

Mit ebenso hoher Wahrscheinlichkeit wird daher erst die zweite Hälfte des Jahrzehnts durch eine rasant beschleunigte Verwirklichung der bis dahin entwickelten und bereitgestellten Potenziale der „Dritten Welle" gekennzeichnet sein. Mit anderen Worten: DANN GEHT ES LOS. Oder wie Bill Gates pointiert formulierte: „Diese Veränderungen kommen zwar später als erwartet – dafür aber mit viel stärkerer Kraft."

Wie gesagt: Der lebendige Kern jeder Markt-Entfaltung in den Anfangsjahren der „Dritten Welle der Mobilkommunikation" ist der Wille zur Kooperation. Zugegeben: Allzu verständlich ist die Motivation jener einzelnen Marktteilnehmer, nach all den massiven Investitionen in Funkmasten, teure Lizenzen, aufwändige Entwicklungen von mobilen Devices oder Services nun auch wenigstens energisch zu versuchen, vor den Konkurrenten die kommerziellen Früchte des Erfolges zu ernten. Das ist auch gut so: Gesunde Konkurrenz belebt in der Regel auch die Entwicklung attraktiver Angebote für den Kunden. Zumindest dann, wenn sie nicht in eine aggressive Taktik umschlägt, seine „Pranke" auf eroberte Marktsegmente oder selbst entwickelte Technologien zu legen und keinen Mitbewerber auch nur in die Nähe kommen zu lassen. Mehr noch: Eine solche Wesensart der Konkurrenz wird sehr schnell zum Schnitt ins eigene Fleisch, zu einer für die nächsten Evolutionen der Mobilfunk-Branche kontraproduktiven Tendenz. Denn vor dem Hintergrund, dass mit der „Dritten Welle" eine systemische Infrastruktur der neuen kommunikativen Art, ein digitales Nervengeflecht an mobilen wie festverdrahteten Datenkanälen entstehen soll, führt sich jede autistische Eigenbrötelei sofort ad absurdum.

Wahr ist vielmehr: In diesem vielfältigen Medien-Ambiente, diesem allseits vernetzten Informations-Biotop der aufstrebenden Mobil-Industrie braucht schon per definitionem jeder den anderen. Im Hardware-Bereich: Wenn eine Business-Applikation auf einem Nokia-Handy wunderbar läuft, hingegen der Datentransfer auf ein Sony-Ericsson ansatzlos scheitert, weil eben diese Anwendung exklusiv auf Devices des finnischen Marktleaders beschränkt ist, wird sich daraus keine breit anwendbare Business-Idee ergeben. Und obwohl der Weltmarktanteil von Nokia rund 40 Prozent ausmacht: Der Kunde wird gewiss nicht bereit sein, für jede begehrte Applikation gleich auch noch ein Spezial-Handy jedes solistisch agierenden Herstellers zu erstehen. Oder im Software-Sektor, am Beispiel des digitalen Geldverkehrs via Handy: Unvorstellbar, dass der Kunde für jeden einzelnen Zahlungsbereich ein eigenes Programm verwenden will. Und sich an der Supermarkt-Kasse durch das eine komplizierte Menü durchmühen muss, am Parkplatz durch das nächste, ganz anders zu bedienende. Um beim anschließenden Abrufen seiner aktuellen Tagesausgaben in einem dritten, wiederum komplett anders strukturierten, die initiale Freude an der Sache schließlich zu verlieren.

INTEROPERABLE STANDARDS ODER: „OMA" SOLL KÜNFTIG FÜR MEHR VERSTÄNDNIS SORGEN

Wie dem auch sei: Ein übertriebener Pessimismus sollte aus alledem nicht abgeleitet werden, denn es mehren sich zugleich die Anzeichen, dass die Mitspieler der Mobilfunk-Branche gerade dabei sind, den proprietären Eigensinn der früheren Jahre zu überwinden. So formierte sich im Juni 2002 eine aus rund 200 prominenten IT- und Telekom-Firmen bestehende „Open Mobile Alliance", abgekürzt OMA, deren Ziele genau in diese Richtung weisen. Man will gemeinsame und ergänzende Standards für die mobilen Anwendungen einer künftigen Handywelt entwickeln, die weitestgehend unabhängig von Betriebssystem und verwendeter Übertragungstechnologie sein sollen. Zugleich hat diese Allianz sich zum deklarierten Ziel gesetzt „für mehr Verständnis sorgen zu wollen", also: das produktive Zusammenspiel zwischen den verschiedenen Produkten, Diensten und Entwicklungen der Anbieter zu gewährleisten.

Und „OMA" lässt auch durch ihre prominente Besetzung auf einen neuen Stil der Kooperation hoffen: So sind in der „Open

Mobile Alliance" nahezu alle „Main Players" der Industrie – wie Nokia, Ericsson, Motorola, Sun, Siemens, Microsoft, Oracle, HP, NTT DoCoMo und viele andere – geschlossen vertreten. Als erstes Vorhaben will das Konsortium die Websprache XHTML weiter entwickeln, sodass sie in Hinkunft auch für mobile Geräte bestens geeignet ist. Zudem will man Standards für „Location Based Services" schaffen und für nationale wie globale Transfer-Möglichkeiten von MMS (Multimedia Message Services) sorgen.

Gewiss: Die „Open Mobile Alliance" hat zurzeit ihre Arbeit erst aufzunehmen begonnen, dennoch ist bereits absehbar, wie wertvoll jeder neue und weithin akzeptierte offene Standard, jedes „Framework" für interoperable Anwendungen, jede genormte Schnittstelle für alle Beteiligten sein wird. Für die Netzbetreiber, weil sie ihren Kunden die Gewissheit geben können, nicht auf einer Insel der Sonderlösungen verhaftet zu sein. Für Infrastruktur-Firmen und Geräte-Hersteller, weil sie ihre speziellen Eigenentwicklungen durch die Beachtung verbindlicher Standards allseits integrierbar gestalten können. Für die Anbieter von Diensten und Inhalten, weil sie ihre Applikationen samt deren Interfaces nicht für jede neue Netzwerkumgebung neu programmieren müssen – eine veritable Kostenersparnis. Und nicht zu vergessen: Die Existenz von weithin akzeptierten offenen Standards erleichtert zudem die nahtlose Integration der nunmehr datenfähigen Mobilkommunikation mit den weltweit etablierten Netzwerken der fest verdrahteten Art in entscheidender Weise. Internet, globale Firmennetze, öffentliche Behörden-Netzwerke – all dies kann viel leichter mit der entstehenden mobilen Vernetzung synergetisch zusammenwirken.

Wie fruchtbar das Wirken eines solchen zentralen Konsortiums für die rasante globale Gesamtentwicklung eines neuen Mediums sein kann, zeigt das „World Wide Web Consortium" (W3C). Trotz einiger proprietär motivierter Sondermanöver von Microsoft, Sun und Co gelang es dem W3C, die Internet-Entwicklung so weit offen und homogen zu halten, dass jedermann bei Einhaltung der W3C-Regeln sicher sein kann, dass seine gesendete Botschaft auch überall verstanden wird. Und dass vice versa für jeden Internet-User gewährleistet ist, dass er mit seinem Standard-Browser und seinem E-Mail-Client rund um den Erdball einen unkomplizierten Zugang zu den Services und Informationen des Internet vorfindet. Glückt es nun der „Open Mobile Alliance“ in der Tat, eine ähnlich konstruktive Arbeit am Regelwerk der offenen Standards für die global-mobile Vernetzung zu leisten, dann sind wir der eingangs geschilderten Vision eines „Evernet“ einen gewaltigen Schritt näher gerückt.

OFFENHEIT UND TEILEN: HALTUNGEN, DIE NUN ZU SCHLÜSSELFRAGEN DER MARKTERSCHLIESSUNG WERDEN

Aber auch jenseits aller technologisch begründeten Zusammenhänge wird eine gelebte Bereitschaft zu „Offenheit und Teilen“ zur Schlüsselfrage der weiteren Entwicklung der vernetzten Mobilkommunikation. Das beste Beispiel dafür ist der Bereich der Koexistenz verschiedener Arten von Funknetzen und die daraus sich ergebende Kooperation bei den Inhalten. Wir gehen davon aus, dass es in naher Zukunft gleich mehrere parallel agierende Funknetze geben wird: Neben der Zweiweg-Kommunikation via UMTS-Mobilfunk werden uns allen noch digitales Radio, digitales TV sowie offene Funknetze wie Wireless Lan (WLL) mit ihren Kanälen und Inhalten zur Verfügung stehen. Das heißt: Es gibt mehrere „Frequenzen“ und jede kann den kommunikativen Kunden mit speziellen Vorteilen nützlich sein. Das aktuell viel diskutierte Downloaden von Musik aus dem Netz wird im mobilen Sektor beispielsweise wohl eher ein Geschäftsfeld für das Digitalradio werden. Und zwar schon aus dem simplen Grund, dass bei den Radiostationen nicht nur feinste professionelle Audio-Technologien seit Jahrzehnten im Einsatz sind, sondern auch ein reichhaltiges gewachsenes Wissen über den praktikablen Umgang mit komplexen Urheberrechten zu den Basisressourcen jedes Senders gehört. Über beides verfügen die Mobilfunk-Betreiber nicht – und müssten dieses Know-how um teures Geld erst zukaufen.

Weiters ist zu bezweifeln, dass etwa der in Bälde verfügbare Datentransfer via UMTS tatsächlich der effizienteste Weg für mobiles Downloading von Hunderten Megabytes an Musikmaterial ist. Möglicherweise aber hat UMTS mit seiner integrierten mobilen Vernetzung die goldrichtigen Voraussetzungen für das neugierige Auswählen und effiziente Bestellen von Musik-Downloads. Die daraufhin per Digitalradio geliefert werden – und wiederum über das Billing-System des Mobilbetreibers unkompliziert verrechnet werden. Und der unscheinbare Betrag, den wir für das neue Album von Prince auf unserer Handyrechnung vorfinden, zeugt in Wahrheit von einer sehr sinnvollen, weil für beide Seiten fruchtbaren Kooperation von Mobil-Betreiber und Digitalradio. Jeder der beiden konzentriert sich auf seine Stärken, teilt sich das Geschäft mit dem anderen – und beide zusammen stellen nicht nur ihre Kunden zufrieden, sondern auch ihre Eigentümer, weil solcherart ein blühendes Geschäft generiert wird und weil sich auf diese Weise neue Marktchancen sehr viel leichter eröffnen.

Kurz: Was spricht eigentlich dagegen, dass das Kerngeschäft der Netzprovider auch in den kommenden Jahren nicht dramatisch vom bisherigen Business differiert, das da ist: Erbauen und solides Betreiben der Netze. Accounting. Marketing-Kooperationen. Und „Customer Care“, was im Idealfall eine exzellente begleitende Kunden-Betreuung und -Beratung bedeutet. Genau Letzteres, nämlich eine von Vertrauen geprägte Begleitung, Betreuung und Beratung, wird ohnedies zum alles entscheidenden Kriterium werden, warum der Kunde genau den einen (und eben nicht den anderen) Netzanbieter wählen wird. Dem er vertraut und von dem er sicher sein kann, dass über ihn Zugang wie Verbindung zu den regionalen wie globalen Netzen in verlässlicher Weise hergestellt und verrechnet werden. Im Internet-Jargon ausgedrückt: Ein von Kunden wegen dieser Qualitäten geschätzter „Knoten“ oder „Hub“ im offenen Geflecht der digitalen Vernetzung.

Eine solche Haltung der Offenheit und des sinnvollen Teilens ist denn auch eine aus einem historischen Irrtum der jüngsten Zeit gelernte Lektion: Erinnern wir uns nur an die ausgedehnten Internet-Portale von großen Telekom-Firmen, die sich urplötzlich als „neue Medien-Unternehmen“ verstanden. Worauf die „echten“ Medienhäuser naturgemäß empfindlich reagierten –

und ihrerseits bisher gut funktionierende Kooperationen mit der Telekom-Szene kurzerhand zu verweigern begannen. Weil man die Telekom-Portale mit ihrem News+Sport+Politik-Portfolio nunmehr eben als (dilettierende, aber dennoch lästige) Konkurrenz erlebte.

ICH BRAUCHE EINEN GUTEN PLATZ: WER IST DENN HIER DER EIGENTÜMER DER BENUTZEROBERFLÄCHE?

Es gibt zudem noch einen weiteren triftigen Grund, Offenheit und Teilen nicht bloß als edle ethische Haltung, sondern als handfesten produktiven Grundbaustein der kommenden Business-Modellierungen anzunehmen. Die mobilen Geräte der nächsten Generation werden nämlich per se die verschiedenen „Inhalte-Kanäle" technologisch miteinander verknüpfen, sodass wir in einem Device integriert UMTS-Mobilfunk neben digitalem Radio (und später dann auch digitalem TV) zur Verfügung haben. All das ist dann mit ein und derselben (zudem räumlich sehr beschränkten) Benutzer-Oberfläche einzeln oder kombiniert abrufbar. Womit sich sofort auch die Frage ergibt: Wer ist denn der Eigentümer dieses „User-Interface", welches – wie wir wissen – die Aufmerksamkeit der Kunden entscheidend lenkt? Ist es der Mobilfunkbetreiber oder der Inhalte-Anbieter – oder gar der Handy-Hersteller? Wer bestimmt, was wo und wie positioniert wird? Ein essentieller Vorgang, der zugleich die Wahrscheinlichkeiten bestimmt, mit denen bestimmte Angebote auch tatsächlich angefragt und konsumiert werden.

Allein anhand dieser Problematik wird klar, dass nur faire und offen-kooperative Arrangements eine gute Aussicht auf ein nachhaltiges Geschäft bieten. Fühlen sich etwa die Inhalte-Anbieter übergangen und reduzieren daher ihre Angebote, dann verliert der Netzbetreiber ein wichtiges Argument dafür, warum man gerade bei ihm einen Account haben soll. Und die spärlicher gewordenen Contents führen zugleich auch zu weniger Abfragen, somit weniger Datenpaketen, die über das Netz fließen, womit sich auch der Umsatz des Providers anteilig reduziert.

Betrachten wir denselben Sachverhalt noch einmal in einer positiven Wendung: In guten und offenen Verhandlungen finden sich die Inhalte-Produzenten dazu bereit, für einen prominenten Platz auf der Benutzeroberfläche auch einen guten Preis zu zahlen – die dramatisch vermehrte Nutzung ihrer Dienste werde das Investment hoffentlich sehr schnell lohnen. Der Netzbetreiber wiederum kann nun einen Teil dieses Erlöses an die Kunden weitergeben, indem er die Daten-Tarife für diese Dienste günstiger gestaltet, worauf die Kunden ihrerseits diese Angebote stärker nützen. Ein positiver Kreislauf, der faires Teilen als Basis hat, dem Kunden daraus gewonnene finanzielle Vorteile weitergibt – und als prompte Belohnung für alle Beteiligten einen Markt öffnet, der zuvor als recht schwierig gegolten hatte.

DER KUNDE, DAS (SICH SELBST) UNBEKANNTE WESEN

Womit wir uns endgültig und ebenso detailliert wie intensiv dem wesentlichsten Mitgestalter, dem Faktor Nummer eins der „Dritten Welle der Mobilkommunikation" zuwenden sollten: dem Kunden, dem Konsumenten, dem Menschen.

Er ist ein relativ unbekanntes Wesen, zumindest was sein genaueres Telefonie-Verhalten betrifft, stellt sich trotz gegenteiliger Behauptungen der Marketing-Profis heraus. Selbst in der Frage, ob denn Mann und Frau auch tatsächlich ein differentes Verhalten beim Handy-Gebrauch aufweisen, konnte erst vor kurzem durch eine Studie des Meinungsforschungs-Institutes Integral erste erhellende Klarheit geschaffen werden: Männer greifen in der Öffentlichkeit häufiger zum Handy, Frauen hingegen telefonieren mehr mit Verwandten. Und auch sonst nutzen Frauen und Männer ihr Handy sehr unterschiedlich: Frauen telefonieren länger (durchschnittliche Gesprächsdauer: 5,4 Minuten) als die Männer (3,6 Minuten). Dafür telefonieren die Männer öfter: Mann greift 34 Mal pro Woche zum Mobiltelefon, Frau dagegen nur 27 Mal. Männer telefonieren häufiger auf der Straße (M: 17 %, F: 10 %), dafür bevorzugen die Frauen die entspannte Situation in Kaffeehäusern und Restaurants – und führen dort gleich doppelt so häufig Handy-Gespräche als die Männer (F: 6 %, M: 3 %). Der krasseste Unterschied zeigt sich bei der Business-Kommunikation: Während Männer zu 26 % regelmäßig mit Geschäftspartnern via Handy plaudern, tun dies nur 7 % der Frauen. Und, und, und.

Viel interessanter jedoch ist die statistische Nagelprobe auf die jeweils dem anderen Geschlecht zugeschriebenen Klischees: So glauben fast zwei Drittel der Männerwelt, dass Frauen höhere Telefonkosten haben – ein Vorurteil, das sogar von einer Mehrheit der Frauen geteilt wird (54 %). Tatsache ist: Männer und Frauen verursachen nahezu identisch hohe Kosten. Ebenfalls zwei Drittel der Männer sind davon überzeugt, dass Frauen häufiger telefonieren: Das schiere Gegenteil (siehe oben) ist der Fall. Und eine faszinierend eitle Selbsteinschätzung zeichnet die Männer in der Frage aus, wer wohl eher nur dann telefoniere, wenn es wirklich notwendig ist: Zwei Drittel der Männer behaupten, dass dies auf ihr Geschlecht voll zutreffe, dagegen nur auf jede zehnte Frau – so die fixe Ansicht der Männer. Woraus sich wiederum – dürfen wir ironisch anmerken – der einzig logische Schluss ergibt, dass die Männerwelt ihre kommunikativen Aktionen wohl für wesentlich notwendiger und bedeutsamer einschätzt als jene der Frauen. Denn: Sie telefonieren nachweislich häufiger, öffentlicher und dennoch nur dann, „wenn's wirklich notwendig ist". Got it?

Wie dem auch sei: Die Mobilfunk-Branche kann zufrieden sein und wird an Vorurteilen und Selbstbildern dieser Art wohl nicht rütteln. Sondern sich auf diese „Images" einstellen. Und sich weiterhin über die Faktenlage freuen, dass beide Geschlechter gleich gern und gleich viel zum Handy greifen.

EIN DRAMATISCHER WANDEL IM KUNDENBEZUG BEGINNT

Dennoch greift diese Sichtweise in Anbetracht der aufkommenden mobilen Vernetzung entschieden zu kurz: Erfasst sie doch nur den sprachtelefonisch agierenden Kunden. Zu dem die Telekom-Branche im Übrigen ein sehr einfaches Verhältnis etablieren konnte: Sie stellt das Netz zur Verfügung, und man bezahlt für die verbrauchten Zeitscheiben eine Summe X. Darüber ist allenfalls noch von Belang: wohin das Telefonat geht und zu welcher Tageszeit es geführt wird. Und selbst die Vorform der vernetzten Datenkommunikation, SMS, ist im Kundenverhältnis

TELEFONIEREN MIT DEM HANDY

EINSCHÄTZUNG DES EIGENEN UND DES ANDEREN GESCHLECHTS

	MÄNNER über		FRAUEN über	
	Männer	Frauen	Männer	Frauen
Telefonieren insgesamt mehr	15	66	26	50
Telefonieren eher nur dann, wenn es wirklich notwendig ist	66	10	50	28
Telefonieren häufiger in der Öffentlichkeit	27	41	34	29
Haben höhere Telefonkosten	15	63	22	54

Quelle: Integral 2002
n = 695, Handybesitzer

sehr einfach zu gestalten: Ein SMS kostet je nach Account-Variante so und so viel. Kurz: Die Marktsegmentierung in der sprachtelefonischen Ära ist noch nicht sehr komplex. Der individuelle Bezug zum Kunden noch nicht sehr intensiv und differenziert. Vorweggenommen: All das wird mit der „Dritten Welle der Mobilkommunikation“ anders. Ja sogar sehr anders.

Warum? Man möge sich nur an einige der Szenarien erinnern: Sehr vielfältig sind die beruflichen wie privaten Interessen des Konsumenten, welche das mobile Kommunikationsgerät in naher Zukunft unterstützen und befriedigen wird. Und naturgemäß ebenso vielfältig werden dadurch die Transfers und Transaktionen, die der Kunde mittels seines „erweiterten Mobiltelefons“ durchführt: Er telefoniert. Er sendet und empfängt Botschaften wie SMS und MMS. Er surft im Internet und ruft seine E-Mail ab. Er hat einige kostenpflichtige Informationsdienste abonniert, die ihm auf sein Handy „zugestellt“ werden. Er bestellt sich bei einem M-Commerce-Shop spontan das eine oder andere mobile Zubehör. Er bezahlt seine Taxifahrten und fallweise auch die Autobahnmaut mit dem Handy. Er lädt sich beim Besuch in einer ihm nicht vertrauten Umgebung den Stadtplan auf sein Device und klinkt sich (gegen einen kleinen Betrag) in das damit verbundene Navigationssystem ein. Er hat ein Finanz-Service gebucht, das auf seinem Handy automatisch Alarm schlägt, wenn der Kurs einer seiner Aktien ein bestimmtes Level unter- oder auch überschreitet. Und, und, und. Eine Liste, die mit dem Fortschreiten der „vernetzt-mobilen Bewegung“ in den kommenden Jahren nahezu beliebig verlängert werden kann. Eine Liste, die überdies ein breites Spektrum von Daten-Anwendungen aus ganz unterschiedlichen Kategorien umfasst: Kommunikation von Person zu Person. Finanz-Transaktionen und Logistik. Sowie den Transfer von gestalteten Inhalten (Contents).

MAN SIEHT ES SCHON AN DER HANDYRECHNUNG: DAS VERHÄLTNIS ZUM KUNDEN WIRD MULTIDIMENSIONAL

Das heißt aber: Das Verhältnis zum mobilen Kunden verwandelt sich allein schon für den Netzbetreiber von einem relativ eindimensionalen zu einem komplexen multidimensionalen. Eine

Entwicklung, die als erstes an der monatlichen Handy-Rechnung ersichtlich wird: Dort finden sich in Zukunft fein säuberlich neben den traditionellen Sprech-Zeiten auch noch die vom Kunden während seiner Online-Präsenz konsumierten Datenmengen. Dazu kommt noch die Auflistung und Verrechnung der abonnierten Dritt-Services. Oder aber: eine genaue Darstellung der von Dritten gelieferten und in deren Abonnement inkludierten Datenmengen, damit der Kunde solcherart einen genauen Nachweis der tatsächlich erbrachten Leistungen zum Vergleich hat. Und als Abschluss der Rechnung folgt ein detaillierter Abschnitt, in dem die Geldtransaktionen und Überweisungen an diverse E- und M-Commerce-Sites übersichtlich dokumentiert und präzise verbucht sind.

Zugegeben: Noch ist eine solche Handy-Rechnung im Bereich der realen Utopie, und das nicht allein, weil die dazu nötigen komplexen Billing-Systeme erst ihre Probeläufe absolvieren. Das große Fragezeichen ist, wie bereits dargestellt, vorderhand ein legistisches: Wird nach Ansicht der Wettbewerbs- und Regulierungsbehörden den Netzprovidern in Hinkunft auch die Fakturierung für Dritte europaweit erlaubt sein? Aber eben nicht nur die Rechtssphäre wird tangiert: Kann darüber hinaus ein gesetzlich wie gesellschaftlich akkordierter Modus gefunden werden, wie die Netzbetreiber (in Kooperation mit Banken und Kreditkarten-Organisationen) auch als natürlicher Bezugspunkt für elektronische Geldtransaktionen fungieren? Sodass etwa der Netz-Betreiber das für die konsumierten Leistungen vereinbarte Entgelt direkt vom Bank-Konto des Kunden abbuchen kann? Sachlogisch wäre es: Zum einen aus der Schlüsselfunktion, welche die Netzbetreiber als zentrale technologische Vermittler all dieser Transaktionen auszeichnet. Und zum anderen, weil der Provider in all der variantenreichen Vernetzung für den Kunden der einzige leicht identifizierbare, weil konstant bleibende Bezugspunkt ist.

VIELE EINZELNE ZIELGRUPPEN-SEGMENTE MÜSSEN NUNMEHR MASSGESCHNEIDERT BEDIENT WERDEN

Wie immer dieser Komplex einst geregelt werden wird, eines liegt heute schon klar auf der Hand: Die Produkte der kommenden Mobilfunkgeneration werden jeweils nur für ganz bestimmte Zielgruppen nützlich sein – und nur diese werden Mehrkosten für Mehrwertdienste akzeptieren. Und die Aufgabe der Anbieter wird nicht darauf beschränkt werden können, dass sie sich auf die Kundenbedürfnisse zugeschnittene Angebote ausdenken und diese vermarkten. Denn: Sie werden sich zudem auch als zuverlässige Partner erweisen müssen. Wenn die Mobilfunk-Branche eine wertvolle Lehre aus dem jüngsten Zerplatzen der „Internet Bubble Economy“ ziehen kann, dann diese: Mit Versprechungen, deren Einhaltung notorisch in eine nahe Zukunft verschoben wird, lässt sich nun mal kein gesundes Business etablieren. Heißt im Klartext: Das Vertrauen der Kunden werden vor allem jene Unternehmen nachhaltig gewinnen, die attraktive Angebote entwickeln – und sie erst dann kommunizieren, wenn sie sie auch wirklich erfüllen können.

Erinnern wir uns an die zuvor dargestellte Vielfalt der diversen Daten-Anwendungen, welche mit der „Dritten Welle“ entsteht: „In jedem dieser Segmente und bei jeder neuartigen Anwendung gibt es Unterschiede in der Struktur des Marktes, dem Geschäftsmodell und den technologischen Anforderungen für den Vertrieb der Inhalte und Services“, so lautet eine prägnante Kernaussage der bereits erwähnten Andersen-Studie. Und eine schwer bestreitbare noch dazu, betrachtet man allein die Artenvielfalt der mobilen Contents, die den Kunden via Handy zur Verfügung gestellt werden sollen: Nachrichten, Reise-Informationen, Finanzdienste, Spiele, Edutainment-Applikationen, Musik, Verzeichnisse und Datenbanken, und last, but not least, meist etwas verschämt genannt: „Unterhaltung für Erwachsene“. Mit anderen Worten: Dass der mobile Börsenticker, die bunten Bilder, die den einsamen Reisenden sexuell animieren, und der orientierende Stadtplan von Venedig allesamt verschiedene Business-Modelle erfordern, die es erst zu erkunden und zu erproben gilt, ist wohl klar. Detto, dass halb gare, nicht wirklich funktionierende Angebote vom Kunden gerade dieser kritischen Anwendungen übel aufgenommen würden. Und dass diese drei Content-Services ziemlich unterschiedliche Interessen und Zielgruppen bedienen, ist außer Diskussion – wenn auch der Einzelfall eines Konsumenten, der genau diese Bedürfnisse kombiniert, durchaus denkbar ist.

Zugegeben: Dieser immer multidimensionaler werdende Bezug zum Kunden ergibt aus der Sicht der Netzbetreiber oder Service- und Content-Anbieter ein sehr komplexes Konglomerat an vielen kleinen Marktsegmenten, von denen jedes einen ganz eigenen Entwicklungs- und Handlungsbedarf auf die kommenden Monate und Jahre hin erfordert. Vom Kunden aus gesehen präsentiert sich die Sache viel einfacher: Er ahnt intuitiv, dass er historisch ganz nahe daran ist, zum Mittelpunkt und Zentrum aller vitalen Aktionen der vernetzten Welt zu werden. Und mit dem weiteren Heranreifen der Epoche der allseitigen technologischen Vernetzung, mit dem „Evernet" der nächsten ein bis zwei Jahrzehnte, wird es endgültig zum ökonomischen Einmaleins, dass der Kunde (und kein noch so großer multinationaler Konzern) zum Epizentrum des Business geworden ist. Er ist die Konstante, und sein Wunsch ist Befehl, weil er im allseitigen Netz effektiv dafür sorgen kann, dass er gehört und vor allem gut bedient wird.

Der Kunde der „Evernet"-Ära kann sich weltweit oder wenigstens in seiner Großregion aussuchen, was genau er aus einem reichhaltigen Angebot erstehen oder konsumieren will. Er kann sich im Vorfeld schon hervorragende Informationen über die konkurrierenden Produkte bequem aus dem Netz holen und kann überdies die Preise samt den assoziierten Leistungen präzise vergleichen. Der Wert der Ware oder Dienstleistung wird mit dem „Evernet" so transparent wie nie zuvor in der Geschichte der Ökonomie – und wird in den vernetzten Benutzergruppen zudem heftig diskutiert und auf seinen praktischen Wahrheitsgehalt „abgeklopft". Ist nach dieser Prozedur eine konkrete Entscheidung gefallen, kann sogleich die Bestellung erfolgen – wissend, dass der Shop des nächsten Mitbewerbers nur einen Mausklick – oder ein paar Tastendrucke am Handy – entfernt ist.

Digital transportierbare Produkte wie Software, Musik, Videos, Texte oder Fotos kann der Kunde solcherart komfortabel per Internet und mobilem Datennetz ordern, bezahlen – und bekommt sie sogleich elektronisch zugestellt.

Aber auch handfest physische Produkte wie technische Geräte, echte Bücher, CDs usw. werden ihm mittels perfekter Logistik per Botendienst direkt vor die Haustür geliefert. Oder er kann sie beim nächstgelegenen Outlet für E-/M-Commerce-Produkte zum definierten Zeitpunkt abholen – und vorher im Netz checken, ob die Ware tatsächlich schon geliefert ist. Das bedeutet aber logischerweise, dass der traditionelle Retailer, der als Medium (also: Vermittler) der Waren zwischen dem Hersteller und den Kunden fungierte – und dafür einen gehörigen Anteil des Endpreises bekam –, tendenziell obsolet wird. Es sei denn, sein reichhaltiges Wissen ist durch das Netz nicht ersetzbar und dennoch für die kluge Kaufentscheidung ganz essentiell. Oder aber das Produkt benötigt unabdinglich die Expertise des Zwischenhändlers, sprich eine kundige Installation und Servicierung, um beim Kunden seinen echten Wert nachhaltig zu entfalten.

Die Zeit des unwissenden, unmündigen Kunden, der sich vertrauensvoll an den Zwischenhandel wandte, um nach einer (blendenden oder fragwürdigen) Empfehlung spontan zu kaufen, diese Zeit beginnt sich dem Ende zuzuneigen. Die Verkäufer in den großen Medienmärkten können heute schon, also quasi inmitten der „Übergangszeit", ein Lied davon singen: Der Kunde kommt wesentlich informierter als noch vor ein paar Jahren ins Geschäft, er kennt die Eigenschaften seiner begehrten Ware durch intensive Netzrecherchen oft viel besser als der Verkäufer, der Tausende Produkte, die im Monatszyklus wechseln, kennen sollte. Und der Neo-Kunde des einsetzenden „Evernet" argumentiert bei den Preisverhandlungen mit Bestpreisen, zu dem ihm etwa dieselbe Ware von amazon.com tagesaktuell angeboten wird. Oder weiß von der Website des Herstellers, dass ein Modellwechsel unmittelbar bevorsteht – und feilscht daher beim Preis des Auslaufsproduktes. Kurz und für den Zwischenhandel zumindest sehr gewöhnungsbedürftig: Die aktuelle Pubertätskrise des Internet, die manchen überzeugten Anhänger der „Old Economy" wieder jubeln ließ, vermag dem Medienmarkt-Verkäufer recht wenig Trost zu spenden. Merkt er doch jeden Tag, wie sehr das Internet von Kunden als Quelle der vitalen Waren-Information zu nutzen begonnen wird. Und wie sehr dies sein Business zu verändern beginnt – selbst wenn der Stammkunde mit nunmehr gesteigertem Selbstbewusstsein weiter bei ihm einkauft, aber eben zu besseren Konditionen. Wie erst, wenn nun auch das mobile Netz dieselbe Funktion bereitstellt – und der Kunde mit dem Handy vor den Sonderangeboten steht und sich kurz im Netz kundig macht und vor Ort vergleicht. Und wie erst, wenn der elektronische Handel in seiner „Evernet"-Inkarnation dereinst endlich zu boomen beginnt ...

DIE LINEARE WERTSCHÖPFUNGSKETTE HAT BALD AUSGEDIENT: SIE WIRD SCHRITT FÜR SCHRITT OBSOLET

Diese beiden Beobachtungen, dass mit der wachsenden Vernetzung aller Kommunikationskanäle der gut informierte und wertbewusst agierende Kunde seinen zentralen Stellenwert erkennt und allein dadurch schon der bisher übliche hierarchische und geradlinige Verlauf der Wertschöpfungskette ins Trudeln gerät, sind von entscheidender Bedeutung. Die Folgen davon beginnen bereits sichtbar zu werden: Als ersten Schritt erleben wir zurzeit in bestimmten Branchen eine dramatische Verkürzung der „Value Chain", weil so mancher Hersteller von wenig wartungsintensiven Produkten angesichts des sich verschärfenden Wettbewerbs darangeht, diese an seine ohnedies bestens informierten Kunden direkt – unter Umgehung des Zwischenhandels – zu distribuieren. Paradebeispiel dafür ist Dell: Mit einer geschickt gestalteten Website plus exzellenter Logistik in Produktion und Versand plus Direktverkauf an die Kunden, die sich das Produkt sogar in bestimmtem Maße modular und maßgenau bestellen können, schaffte es der PC-Hersteller nicht nur in Zeiten allgemeiner Absatzrückgänge sogar seinen Marktanteil zu erhöhen, sondern macht durch seine verkürzte Wertschöpfungskette zudem auch noch beachtliche Gewinne. Die sogar noch kräftiger ausfallen könnten, würde Dell nicht einen Teil des solcherart ersparten Geldes als Preisvorteil an seine Kunden weitergeben. Aber dies zu tun ist (ebenfalls instinktsicher) genau der richtige Weg, sich in einer vernetzten Ökonomie nachhaltig zu behaupten – denn das Teilen gehört neuerdings „zum System", wie wir bereits mehrfach gesehen haben.

VON DER „VALUE CHAIN" ZUM „VALUE WEB"

Den nächsten Schritt, den Dell auch ansatzweise bereits zu tun beginnt, beschreibt der amerikanische Futurologe Alvin Toffler als eine stetig forcierte „De-Massifikation" der Produktion, welche inhärent mit der vernetzten Informationsökonomie einhergeht. Eine Konstruktion, die bewusst vom beiderseitigen Vorteil von Hersteller und Kunde unter neuen Bedingungen ausgeht: Etwa indem nun der „vernetzte Kunde" des „Evernet" mittels PC oder mobilem Device aus einer Fülle variabler Faktoren des Herstellungsvorganges (Farben, Varianten, Extras) wählen und ordern kann. Die computerisch-vernetzte Industrielogistik verkehrt hier die gewohnten Verhältnisse in ihr Gegenteil: Tendenziell mutiert der Konsument damit sogar zu einem neuen Typus eines Produzenten. Und die industrielle Massenproduktion, welche noch vor kurzem mit kaum voneinander unterscheidbaren Einheitsprodukten die Märkte ziellos überschwemmte, weicht einer kostengünstigeren Fertigung ganz unterschiedlicher, weil jeweils individualisierter Produkt-Varianten. Einer Fertigung, welche dann sogar via Internet oder „Evernet" medial hautnah mitverfolgt werden kann – eine Vision, die aktuell bei Luxus-Automobilen wie Maybach oder VW Phaeton bereits ihre ersten praktischen Formen der Realisierung erfährt.

Und der letzte, das lineare Gefüge endgültig zerstörende, weil dieses durch ein flexibles Netz an Beziehungen ersetzende Schritt besteht darin, dass die „Value Chain" zum historisch neuartigen „Value Web" wird. Womit die vollständige Umkehrung der Verhältnisse zwischen Hersteller und Kunden eingetreten ist: Nicht der Produzent überlegt sich, was möglichst viele Konsumenten denn für eine Ware haben wollen sollen, die er en masse herstellt und von großem Werbegetrommel begleitet dann mit aller Gewalt in den Markt drückt. Sondern: Der Kunde ist der Star. Er steht im Zentrum. Er hat Wünsche und Bedürfnisse, die ihm erfüllt werden sollen. Man kann ihn höchstens zu faszinieren versuchen, indem man ihm originelle Vorschläge macht. Aber der Kunde der Ära des „Value Web", der allseits vernetzte Einwohner des „Evernet", weiß: Um mich herum stehen (real wie virtuell) Hunderttausende Hersteller und Service-Anbieter und beflissene Händler, die um meine Gunst buhlen, die meine Aufmerksamkeit gewinnen wollen. Der Kunde weiß: Er hat die Wahl. Er hat Geld. Und er kann schließlich jedem der Hersteller zum Erfolg verhelfen.

Nur damit kein Missverständnis aufkommt: Dieser fundamentale Paradigmenwechsel hin zum „Value Web" ereignet sich – analog der Entwicklung der damit einhergehenden Technologien – nicht von heute auf morgen. Sondern benötigt bis zu seiner vollständigen Erkennbarkeit, die von jedermann nachvollziehbar ist, wohl noch ein oder, soll sein: zwei Jahrzehnte. Dennoch deutet eine Fülle weiterer Erscheinungsformen darauf hin, dass der ebenso viel zitierte wie missverstandene Satz des kanadischen Medientheoretikers Marshall McLuhan „The Medium is the Message" sich mit dem „Evernet" erneut beweisen wird. Die Eigendynamik all der vernetzten Medienformen von den Anfängen des Internet über die mobile Kommunikation der „Dritten Welle" bis hin zum allseits integrierten „Evernet" beginnt nämlich bereits deutlich beobachtbar einzusetzen. Und allen voran die Millionenscharen an Konsumenten, welche das Netz kommunikativ bevölkern, beginnen sich nach und nach als Zentrum und nicht mehr so sehr als Peripherie zu verhalten.

DIE PERIPHERIE RÜCKT SICH SELBSTBEWUSST IN DEN MITTELPUNKT: USER-FOREN UND NETZ-GEMEINDEN

Nehmen wir nur die zahlreichen Diskussionsforen im Internet als Beispiel: In Windeseile haben sich mannigfache Diskussionsforen um diverse Themen gebildet, die inzwischen zu stabilen Gemeinschaften (im Web-Jargon: Communities) herangewachsen sind. Manche davon, die sich mit technologischen Fragen (Computer, Handy, Video, Foto ...) beschäftigen, zählen inzwischen zu den wertvollsten Know-how-Pools der jeweiligen Industrien, verfügen oft über mehr Lösungskapazität als der

Hersteller des jeweiligen Produktes oder der spezifischen Software selber. Andere wiederum befassen sich lieber mit den Werthaltungen und dem Lebensgefühl, das durch die neuen Kommunikationsmöglichkeiten erschlossen wird, kritisieren heftig, was ihrer Meinung nach „daneben" oder „uncool" ist. Und zeigen bei manchen Problematiken mehr Weitsicht als die handelnden Kräfte der Industrie, die allzu oft und allzu sehr in das operative Tagesgeschäft verstrickt sind. Alles in allem: Der Wirkungsgrad (oder medial ausgedrückt: die Reichweite und Strahlkraft) dieser Communities ist bisweilen so enorm, dass globale Markenhersteller blitzschnell darauf reagieren müssen, indem sie das problematische Produkt vom Markt nehmen. Und erfolgsverwöhnte Software-Häuser ganze Abteilungen ansetzen müssen zur Beseitigung entdeckter Programmierfehler. Aber auch als Ethik-Beobachter zeigen manche dieser Meinungsforen eine beachtliche Wirkung: Ein Unternehmen, das bei einer offenbaren Unaufrichtigkeit ertappt wird – und diese auch noch leugnet –, ist schnell out, wird boykottiert, hat das Vertrauen einer ganzen „Szene" verloren.

NUR EHRLICHE KOMMUNIKATION NACH AUSSEN KANN AUCH VERTRAUEN – UND DAMIT WERTE SCHAFFEN

Wird ein Fehler hingegen ehrlich eingestanden, spricht sich das ebenso schnell herum – und wird meist mit verhaltener Sympathie aufgenommen. Dasselbe gilt, wenn es gar nicht um Fehler geht, sondern um momentan noch nicht vermeidbare Schwachstellen: So wird beispielsweise auch der mobile Datenverkehr (wie heute das Internet) höchstwahrscheinlich nicht vor gefährlichen Viren sicher sein. Dies nicht zu verschweigen, sondern auch zu kommunizieren, dazu geeignete Sicherheitsvorkehrungen zu empfehlen, kurz: die Schwachstellen im System offen anzusprechen, wird wohl der einzig gangbare Weg sein, dem Kunden das nötige Vertrauen in diese neue Technologie zu geben – weil er die Gefahr nun abwägen kann. Und in der Netz-Gemeinde vielleicht schnelle Abhilfe findet.

Eine noch nie zuvor in der Geschichte der Industrie mit dieser Intensität eingeforderte Wertbezogenheit wird hier sichtbar.

Kunden laufen sofort zum nächsten Mitbewerber über – oder verweigern im Extremfall sogar den Konsum gänzlich –, wenn ihr Vertrauen missbraucht, wird, wenn als vital empfundene Werte verletzt werden. Nehmen wir nur exemplarisch die Auseinandersetzung um den medial behaupteten „Elektro-Smog" der allgegenwärtigen Handymasten: Bei allem geschäftlichen und technologischen Realismus wird ein kluger Netzbetreiber alles daransetzen, seine Funkstationen so umweltfreundlich wie nur möglich zu planen und zu errichten. Ein Wert, der seinen Kunden in Hinkunft wesentlich wichtiger sein wird als der eine oder andere Cent Preisvorteil bei den Gesprächskosten. Zumindest dann, wenn man diesen Sachverhalt auch offensiv und ehrlich kommuniziert – und eben nicht die (zum Teil irrational-diffusen) Ängste der Bevölkerung zynisch ignoriert.

All dies sind Beispiele, die plastisch zeigen, dass bei den vernetzten Benutzer-Gemeinden das berühmt gewordene Elchtest-Syndrom auch ohne das flankierende Mitwirken der traditionellen Medienkanäle sehr schnell an eine Vielzahl von Betroffenen kommuniziert werden kann – genauso wie entwarnende und vertrauensbildende Signale. Weil diese User-Gruppen ihr Medium eben bestens beherrschen und für ihre konkreten Interessen wie für ihr wachsendes Werte-Bewusstsein effizient zu nutzen verstehen.

WELTMARKT 2010: DIE FOLGEN DES GLOBAL VERNETZTEN BUSINESS. DIE CHANCEN SIND ZUGLEICH GEFAHREN

Wenden wir uns daher kurz auch den makroökonomischen Folgen einer weltweit durchgängigen Vernetzung zu: Neu gegründete Unternehmen werden künftig von Geburt an globale Unternehmen sein. Und althergebrachte Firmen werden umgehend globales Denken und globales Handeln erlernen müssen. Ihre größte Chance wird aber auch ihr größtes Risiko bedeuten: Ihr Markt wird nicht mehr und nicht weniger sein als der gesamte Erdball. Spätestens zu Ende dieses Jahrzehnts können über eine Milliarde Menschen in das Schaufenster eines einzigen Unternehmens sehen – und trotz der gegenwärtigen Stockungen des globalen Wirtschaftswachstums werden sie über viel Geld zum Einkaufen verfügen. Diese Unternehmen werden aber auch weltweit Mitbewerber haben – die Konkurrenzsituation wird sich damit massiv verschärfen. Zudem wird der Faktor Zeit ersatzlos gestrichen. Die permanente und mobile Vernetzung setzt damit auch sofortiges Reagieren voraus: auf Kundenanfragen, auf Marktentwicklungen und auf Innovationen.

Ein Mechanismus, der das „Innenleben" der Firmen stark verändert. Ganz generell werden sich die meisten weiterhin erfolgreich bleiben wollenden Unternehmen unweigerlich von hierarchischen Organisationsformen hin zu Netzwerken entwickeln. Eine fundamentale Veränderung, die nach einer (meist schwierig zu handhabenden) Phase der Umorientierung der Firmenkultur in der Folge einen enormen Wertzuwachs erzeugen kann: „In networks, we find self-inforcing circles. Each additional member increases the network's value, which in turn attracts more members, which in turn increases value, and so on, in a spiral of benefits." Eine sehr klare Beschreibung der strukturellen Wirkungsweisen jedes Netzwerkes, erstmals Mitte der 90er durch den kalifornischen Querdenker und Autor Kevin Kelly formuliert. Gleichzeitig – wie wir bereits diskutiert haben – verändert sich auch die Kommunikation nach außen, im Verhältnis zum Kunden ganz fundamental: Die neuen Business-Netzwerke reichen nicht nur sehr weit nach außen, sondern sie beziehen alle aktuellen und potenziellen Kunden viel stärker als bisher mit ein. Die Unternehmen werden ganz allgemein „durchlässiger".

Was wiederum bedeutet: Die Vernetzung bringt naturgemäß das Ende der althergebrachten Form der „Corporate Privacy" mit sich. Die Folge: Spätestens als Reaktion auf diese Entwicklung – besser aber proaktiv – müssen Unternehmen zu transparenten Unternehmen werden. Nicht nur einzelne Abteilungen, sondern jeder Mitarbeiter wird durch die Vernetzung nämlich zum permanenten Ansprechpartner für Außenstehende – und im Idealfall sogar zum Botschafter. Ein Faktum, das viele Unternehmen zurzeit noch gar nicht recht freut. Das aber jene Pioniere, die verstanden haben, wie sie mit der Vernetzung im Interesse ihres Business umgehen können, für sich kräftig nützen werden. In vielen Fällen sogar (noch dazu kostenlos!) begleitet von der machtvollen Verstärkungskraft der (diesmal zufriedenen) Kunden-Communities, von denen wir zuvor gesprochen haben.

DER „FAKTOR MENSCH" IN EINER MOBIL-VERNETZTEN „AD-HOC-SOCIETY"

Last, but not least wirkt die Netz-Metapher auch tief greifend auf den Umgang mit dem Faktor „Mensch" in den Unternehmen, wie es der amerikanische Business-Autor Don Tapscott in seinem Buch „The Digital Economy" theoretisch auf den Punkt gebracht hat: „Das neue Unternehmen hat nunmehr eine molekulare Struktur. Es basiert auf dem einzelnen Menschen. Der Wissensarbeiter – das menschliche Molekül – agiert als selbständige Geschäftseinheit. Dabei handelt es sich um motivierte, selbst lernende, unternehmerische Mitarbeiter mit entsprechenden Befugnissen und Vollmachten, die in der Lage sind, mit Hilfe neuer Werkzeuge mit ihrem Wissen und ihrer Kreativität zur Wertschöpfung beizutragen." Gewiss: eine ausgemachte Idealvorstellung – bestenfalls repräsentativ für einen in ferner Zukunft durch den ständigen Umgang mit der allgegenwärtigen Vernetzung runderneuerten Typus des Homo oeconomicus.

DYNAMISCHES MANAGEMENT DER NEUEN ART

Zu vorschnell sollte man auch diesen Trend zu sehr selbständig agierenden, aber „molekular verbundenen" Mitarbeitern, die in eigenverantworteten Projekten viel zur Wertschöpfung beitragen können, nicht belächeln. Die frühen Vorformen davon finden sich heute schon in jenen Unternehmen, die alle Mitarbeiter mit Handys ausgestattet haben. Als erstes hat sich der Management-Stil prompt verändert: Man plant weniger, sondern gibt (oder bekommt) einen Projekt-Rahmen und: kann sofort mit der Umsetzung beginnen. Ein Ad-hoc-Management, welches das durchgängige Vorhandensein der mobilen Kommunikation dazu nutzt, beim Zeitausmaß deutlich einzusparen, das bislang für penible Zeitplanungen und Projektabstimmungen im Vorfeld draufging. Nachdem das Team mit dem verantwortlichen Manager ohnedies in dauerndem Handy-Kontakt steht, kann im Falle des Falles spontan angerufen werden. Und bestimmte Projektschritte können verändert, nachjustiert oder vorgezogen werden.

Kurz: Auf die mannigfachen, entlang der Laufzeit immer wieder veränderten Situationen kann ad hoc reagiert werden – ein Beschleunigungsprozess, der in beide Richtungen geht: Sowohl der ausführende Mitarbeiter kann mit höherer Wahrscheinlichkeit seinen Chef noch rechtzeitig, bevor das Projekt massiv deswegen stockt, sein Feedback samt modifizierten Lösungsvorschlägen geben. Und umgekehrt kann ein guter Manager via Handy (und Internet) das Projekt sehr flexibel leiten. Fließt doch die Kommunikation zwischen allen Team-Mitgliedern in produktiver, weil freier und nicht durch den Dienstweg behinderter Form. Ja, in manchen kreativen Arbeitssituationen wird die Möglichkeit, dass man urplötzlich einen blendenden Einfall hat, impulsiv zum Mobiltelefon langt und diesen seinen Mit-Entwicklern gleich mitteilt, letztlich vielleicht sogar über Erfolg oder Misserfolg entscheiden.

Allerdings soll hier auch die eventuelle „Nachtseite“ eines chaotisch exekutierten Ad-hoc-Managements nicht verschwiegen werden: Was, wenn ein planloser Vorgesetzter sein Team andauernd via Handy mit den nächsten Anweisungen und halb garen Ideen überfällt – und dies bis in die ohnedies karge Freizeit hinein? Keine Frage: Die mobile Vernetzung wirkt im Positiven wie im Negativen als Verstärker. Und eine dynamische Leitung/Koordination, welche durch das Handy forciert wird, somit fast in Echtzeit abläuft, erfordert umso mehr die echte Management-Qualität beziehungsweise eine positiv erlebte Flexibilität und Spontaneität. Zum anderen darf nicht vergessen werden, dass gerade den konzentriert arbeiten wollenden Mitarbeitern durch verfügbare Handy-Features wie Filtern, Nachsenden, Blocken auch mehr Möglichkeiten erwachsen, ihren Job halbwegs ungestört abzuwickeln. Dann sind sie eben für die einen Kollegen ständig, für ganz gewisse Leute hingegen eine Zeit lang überhaupt nicht erreichbar ...

HIERARCHIEN VERFLACHEN DURCH KOMMUNIKATION: VOM LINE-MANAGEMENT ZUM PROJEKT-MANAGEMENT

All dies Genannte hat vor allem eine nahezu unvermeidliche Auswirkung: Die praktisch gelebte Vernetzung ist ein wahrer Sprengstoff für tradierte Hierarchien. Und dies auch ohne unternehmenspolitisch bewusst exerzierte „Restrukturierungen" und „Prozessoptimierungen". Die Hierarchien werden durch die Verwendung der mobil-vernetzten Kommunikation einfach „unter der Hand" anders, wechseln unversehens ihre Gestalt: Wenn ohnehin alle mit allen verbunden sind, dann macht es plötzlich wenig Sinn, wenn ein Top-Manager nach dem strikten Raster des Line-Management weiterhin seine kleine Truppe von Middle-Managern steuert, die wiederum ihre Mitarbeiterteams instruieren. Nein: Mit der wachsenden Vernetzung der Unternehmen können nunmehr um die zu erfüllenden Aufgaben in definierten Projekten die jeweils passenden Ressourcen zusammengefasst und gruppiert werden. Diese kommunizieren im Interesse der gemeinsamen Sache ungehemmt untereinander wie mit den Projekt-Managern – und die absolute Führungsebene steht in der Verantwortung, die Vielzahl einzelner Projekte firmenweit zu einem Ganzen zu bündeln.

Keine triviale Aufgabe, gilt es dabei doch, eine probate Generallinie als Orientierung umsichtig selbst dann im Auge zu behalten, wenn das florierende Tagesgeschäft ein neues Projekt nach dem anderen generiert. Ein Trost für solche Situationen: Auch etwaige Korrekturen pflanzen sich mittels Internet und Mobiltelefon in viel schnelleren Stoßwellen im Unternehmen fort. Die Wirtschaftskörper der künftigen „Ad-hoc-Society" sind eben nicht mehr wie Öltanker in solch behäbiger Beharrung unterwegs, dass jeder Kurswechsel sich erst mit großer, bisweilen katastrophaler Verzögerung vollzieht. Und für jene, die sich mit diesen in manchen Unternehmen und in vielerlei Projekt-Teams heute schon zum täglichen Business gehörenden Geschwindigkeiten nicht so recht anfreunden können: Keine Panik, das alles hat noch ein wenig Zeit. So furchtbar schnell und radikal ändern sich die Menschen samt ihren sozialen und ökonomischen Organisationsformen dann auch wieder nicht.

ALWAYS ON IM LEBENSALLTAG: ALLE NISCHENZEITEN WERDEN ZU VIRTUELLEN KOMMUNIKATIONSRÄUMEN

Schnitt. Szenenwechsel. Der Mensch lebt nicht vom Business-Brot allein. Reden wir dennoch abschließend kurz übers Geld: Entgegen manchen aktuellen Befürchtungen, die „Dritte Welle der Mobilkommunikation" müsste zur Refinanzierung ihrer Investitionen den Anwendern das Weiße aus den Augen holen, wird sich mit zunehmender Etablierung der Infrastrukturen der nächsten technologischen Generationen das schiere Gegenteil ereignen. Und wir wollen dies gar nicht mit Zahlenmaterial beweisen, sondern einfach im Analogieschluss zu den Anfangszeiten des heutigen Handy-Booms behaupten: Schien in den 80ern das mobile Telefonieren dem Normalverbraucher auf lange Sicht unerschwinglich, so verwenden heute an die 80 Prozent der Benutzer ganz selbstverständlich ihr Handy, weil eben: die Kosten derart moderat, ja im Haushaltsbudget fast vernachlässigbar geworden sind.

Eine Situation, die sich auch im Verlauf der „Dritten Welle" über kurz oder lang einstellen wird: Im Vergleich zum Gesamteinkommen werden die Handykosten weiter sinken. Oder maximal auf stabilem Niveau bleiben – bei einem Mehr an Leistungen. Die mobile Kommunikation geht damit den eingeschlagenen Weg weiter, den noch jede allseits benutzte Infrastruktur (Wasser, Strom, Straßen ...) in unserer Gesellschaft gegangen ist. Indem sie nämlich mit der „Dritten Welle" endgültig zur unverzichtbaren, selbstverständlich benutzten, für die Gesamtpopulation erschwinglichen Infrastruktur wird. Die einem überhaupt nur mehr dann eigens auffällt, wenn sie ausnahmsweise einmal nicht reibungslos zur Verfügung steht oder gar vorübergehend ganz ausfällt.

Wenn wir nun aber mit dieser Behauptung Recht behalten, dann werden wir vermutlich bereits gegen Ende dieses Jahrzehnts einen gesellschaftlichen Alltag auch außerhalb der Firmen und Institutionen vorfinden, in dem wir „ALWAYS ON" sind. Also auch unterwegs permanent in ein „Netz aller Netze" eingebunden sind, welches uns mit einem ganzen Spektrum von Annehmlichkeiten versorgen kann. Das zugleich jedoch eine sehr merkwürdige und erst noch gewöhnungsbedürftige Durchmischung von realen mit virtuellen Kommunikationsräumen bringt. Einfacher und plastischer ausgedrückt: Auch heute schon befremdet es uns manchmal, wenn jemand lautstark in der U-Bahn via Handy mit seiner Freundin streitet. Oder wenn vor der Börse, lässig an eine Säule gelehnt, ein Jung-Aktionär seltsam hektische Selbstgespräche über die volatilen Tageskurse führt – bis wir sein Bluetooth-Headset am Ohr entdecken und nun wissen, dass er telefoniert. Gleichzeitig macht jeder, der am Kaffeehaus-Tisch eine konzentrierte Besprechung mit einem Mobiltelefonierer hat, die Erfahrung, dass dies im Einzelfall zu einem frustrierend zerhackten Multitasking-Event werden kann – so dieser viel begehrte Zeitgenosse sein Gerät nicht endlich doch ausschaltet.

DAS UMGEHEN MIT EINER MOBILEN ONLINE-WELT ERFORDERT EIN BEWUSSTES NEUES LEBENSDESIGN

Nun, diese Liste der Exempel könnte heute schon beliebig verlängert werden. Wie dann erst, werden sich manche Techno-Skeptiker fragen, wenn mit der „Dritten Welle" all die vielfältigen Varianten der Datenkommunikation noch allesamt dazukommen? Ein gewichtiger Einwand, dessen grundsätzliche Bedeutung schwer von der Hand zu weisen ist, ja gar nicht bagatellisiert werden darf. Sicher ist: Wir werden lernen müssen, wie man am besten damit umgeht.

Und damit kommen wir auf die Ur-Väter des „Always-on-Evernet", den eingangs erwähnten Mark Weiser und sein Team vom Xerox PARC, zurück: Der erste und wichtigste Lernschritt, so Weiser, beruht auf einer simplen Einsicht. Konkret: Unsere gesteigerte Aufmerksamkeit gegenüber dem elektronischen Werkzeug ist in Wahrheit sowohl die Ursache als auch die Lösung vieler der begleitenden Probleme. Und der Vordenker Weiser verblüfft mit einer gänzlich „untechnischen", dafür umso anschaulicheren Argumentation: „In der Philosophie der Wahrnehmung gibt es ein bekanntes Experiment, bei dem die Augen geschlossen werden und der Weg mit einem Stock ertastet wird. Für Menschen mit normalem Sehvermögen ist es anfangs ungewohnt und schwierig, mit einem krummen Stock die vor ihnen liegenden Gegenstände zu ertasten. Aber dann tritt eine bemerkenswerte Veränderung ein. Der Stock verschwindet aus unserer Wahrnehmung, und stattdessen tritt die Welt in Erscheinung. Mit anderen Worten: Nicht der Stock selbst steht von nun an im Mittelpunkt der Aufmerksamkeit, sondern das, was er uns von der Welt offenbart. Statt des Stockes nehmen wir Beton oder Gras oder den Briefkasten wahr. Das Verschwinden des Stockes bedeutet, dass er Teil unserer peripheren Wahrnehmung geworden ist. So kann nun wieder jener Teil der Welt ins Zentrum rücken, den uns der Stock erschließt."

Wenn wir Weisers Diktion folgend einfach die Begriffe „Stock" und „Mobile Device" austauschen, dann wird zum einen klar, warum wir uns bisweilen in der technischen Geräte-Welt der Mobilkommunikation fasziniert verlieren. Warum uns dieser „Stock" anfangs einige ungewohnte Schwierigkeiten macht – und warum wir uns erst daran gewöhnen müssen, ihn einfach als neuartiges Hilfsmittel zur Erfahrung unserer Lebenswelt zu verwenden. Zum anderen wird damit ein positiver Lernprozess gezeichnet: Bis Technologien ihre Möglichkeiten fruchtbar entfalten, zu alltäglichen Wirklichkeiten werden lassen und damit wieder ebenso nützlich wie bescheiden in den Hintergrund treten können, braucht es eine geraume Zeit der Eingewöhnung in das veränderte „Lebensdesign".

Und darüber hinaus: weitgehend akzeptierte Konventionen und Gebrauchsweisen, welche die unerwünschten Begleiterscheinungen im sozialen Kontext reduzieren. Kein Handy-Klingeln während des Neujahrskonzerts der Philharmoniker oder während des sonntäglichen Gottesdienstes, bitte! Um nur zwei unstrittige Beispiele dafür zu nennen. Nun, wir wissen zugleich: Der „Mobilitätsverwandte" des Handys, der Autoverkehr, hat einen solchen sozial möglichst verträglichen Kodex bis zum heutigen Tag nur sehr rudimentär schaffen können. Und wer wollte allein deshalb schon ganz konsequent auf sein Auto verzichten. Für die Kritiker kein Trost: Aber die mobile Echtzeit-Gesellschaft, die durch das Universalwerkzeug Network-Handy nun noch deutlich forciert wird, muss sich erst noch ihre soziokulturellen Arrangements schaffen, unter denen die meisten der neuartigen Möglichkeiten auch dezidiert als „glücklich" und „produktiv" erlebt werden.

Wie dem auch sei: Die häufig durch die Medien geisternde Phantasie von künftig massenhaft auftretenden Tech-Nomaden, die ständig mobil-kommunizierend und vollends entgrenzt durch unsere Staatengebilde wandeln, entspricht jedenfalls keiner wie immer denkbaren Realität, sondern eher einer veritablen Angst-Projektion. Heute wird das durchschnittliche Handy eher zur befreienden Unterstützung der alltäglichen Mikro-Mobilität verwendet. Im statistisch nachgewiesenen Radius von 15 bis maximal 30 Kilometern vom Lebensmittelpunkt entfernt – von der Wohnung zum Büro, danach zum Supermarkt, dann zur Schule der Tochter, kurz nach Hause, worauf der Sohn noch zum Pokémon-Freund gebracht werden muss. Und aus!

Ein Muster an kleinräumiger Mobilität, das allenfalls bei extrem viel reisenden Geschäftsleuten – heute wie in den kommenden Jahren – notorisch anders geartet ist. Und ein gesellschaftliches Faktum, das auch die „Dritte Welle der Mobilkommunikation" locker überdauern wird.

FORMEN VON GRENZENLOSER GEMEINSAMKEIT DURCH TELEKOMMUNIKATIVE GLEICHZEITIGKEIT

Andererseits darf nicht vergessen werden, wie sehr uns diese Durchmischung von realen und virtuellen Kommunikationsräumen auch heute schon ermöglicht, auf diesem Weg Erfahrungen und Eindrücke (selbst über große Distanzen) in Echtzeit mit Familienmitgliedern und Freunden teilen zu können. Wodurch in uns seit den Anfangstagen der Telekommunikation in stets gesteigerten Formen nach und nach eine historisch neue Qualität von Information und Emotion entstanden ist: Gemeinsamkeit durch Gleichzeitigkeit – unabhängig von jeder räumlichen Trennung. Verständlich, dass wir erst erlernen müssen, mit solch neuen Freiräumen entsprechend umzugehen. Wobei mit der „Dritten Welle" zusätzlich noch eine sehr bewusst erlebte und persönlich modifizierte Anpassung an die gesteigerte Taktfrequenz der beschleunigt und fast allgegenwärtig verfügbaren Informationspotenziale bevorsteht.

Andererseits: Dass alle noch verfügbaren, bislang eher brachliegenden Nischen-Räume des beruflichen wie privaten Alltags nunmehr mit Kommunikation erfüllt werden KÖNNEN, das ist eine Nebenwirkung der Always-on-Society, die wohl nicht a priori abzulehnen ist. KÖNNEN, aber nicht MÜSSEN, denn: Was spricht dagegen, dass wir die intelligente Technologie des mobilen Gerätes dazu nutzen, inmitten des beruflichen Termin-Strudels auch bewusste Gesprächszeiten freizuhalten, in denen wir nur von der Frau, den Kindern oder der persönlichen Assistentin – und notfalls vom Vorgesetzten – erreicht werden können. Andere werden vom System gar nicht an das Handy durchgeroutet, sondern mit der Botschaft vertröstet, wann man wieder erreichbar sei. Diese selektiven Nischen vorab, in aller Ruhe aktiv zu definieren und sie auch konsequent einzuhalten, das könnte sogar zum Ausgleich zwischen beruflicher und privater Sphäre in Zeiten des „Evernet" ganz wesentlich beitragen. Wir schaffen uns dadurch jene Zeitfenster der bewussten Autonomie, welche bewirken, dass die ständig stärker eingeforderte Flexibilität in der Hauptsache als befreiende Beweglichkeit empfunden wird. Und nicht als ein entfremdetes Sich-hinbiegen-Müssen auf das, was die anderen andauernd von uns wollen. Eine partielle Auszeit, die zugleich als Korrektiv dient, dass der über weite Strecken (beruflich wie privat) von Impulsivität und Spontaneität durchzogene Lebensstil nicht unversehens und ungewollt in hektischem Chaos und krankmachendem Negativ-Stress endet. Im Klartext: ALWAYS ON erlaubt nicht nur, sondern erfordert bisweilen sogar den radikalen Akt des ABSCHALTENS – technologisch wie mental.

Unser lakonisches Fazit: Das aufkommende „Evernet" verlangt von uns ein neuartiges, anfangs vielleicht gewöhnungsbedürftiges Lebensdesign. Und belohnt uns dafür mit seinem reichhaltigen Füllhorn der allgegenwärtig vernetzten Medien-Kommunikation. Mit der „Dritten Welle", die nicht alles, aber mehr, als wir uns aktuell noch vorstellen können, verändern wird, hat der finale Gestaltwandel der Handys unumkehrbar begonnen.

SWITCH OFF YOUR HANDY. NOW!

Intensives Online-Sein braucht ganz sicher zur Abwechslung und als Balance – die ebenfalls wunderbaren Momente des bewussten und entspannten Offline-Seins.

ANHANG: AUSGEWÄHLTE LITERATUR

Digital Content for Global Mobile Services. Final Report to the European Commission / Directorate-General Information Society; by: Andersen Project Team. February 2002.

TUSAM Intelligence Report / UPDATE 2.6 June 2001; by TUSAM Project Team of TEN TELECOM (Trans European Networks) im Auftrag der Europäischen Kommission.

Brave New Unwired World. The Digital Big Bang and the Infinite Internet / by: Alex Lightman with William Rojas (John Wiley & Sons, Inc. / New York 2002)

ALWAYS ON – SERVICES AT YOUR FINGERTIPS. Publikation im Rahmen von EURESCOM message / Issue 3/2001 / by: European Institute for Research and Strategic Studies in Telecommunications

Wettbewerb und Regulierung auf Mobilfunkmärkten in Europa. Vortrag von: Prof. Thorsten Gerpott / Gerhard-Mercator-Universität Duisburg / Lehrstuhl: Planung & Organisation Telekommunikationswirtschaft (gehalten in Wien im Mai 2002 im Rahmen der ONE Future Line)

The Computer for the 21st Century / by: Mark Weiser / Xerox Palo Alto Research Center (Scientific American, Ausgabe 09/1991)

Springer-Verlag und Umwelt